Fachbücher für Fortbildung & Studium

FFS 16

www.fhs-verlag.de

Dr. Holger Stöhr

F.I.T. zur IHK-Prüfung in Marketing & Vertrieb

Handlungsspezifische Qualifikationen für Wirtschaftsfachwirte

DIHK-Rahmenplan: Fach Nr. 8

2. Auflage

www.fhs-verlag.de Fachbuchverlag Holger Stöhr

Zum Autor:

Dr. Holger Stöhr, Diplom-Volkswirt (Univ.)

Bisher sind u. a. die folgenden Titel des gleichen Autors erschienen:

1. **F.I.T. zur IHK-Prüfung in Logistik:** Handlungsspezifische Qualifikationen für Wirtschaftsfachwirte, 3. Auflage, Oberstdorf 2018, **ISBN 978-3-943743-15-9**

2. **F.I.T. zur IHK-Prüfung in Führung & Zusammenarbeit:** Handlungsspezifische Qualifikationen für Wirtschaftsfachwirte, 2. Auflage, Oberstdorf 2018, **ISBN 978-3-943743-21-0**

Bibliografische Informationen der Deutschen Bibliothek
Die Deutsche Bibliothek verzeichnet diese Publikation in der Deutschen Nationalbibliografie; detaillierte bibliografische Daten sind dem Internet über http://dnb.ddb.de abrufbar.

ISBN 978-3-943743-22-7

2. Auflage

Druck: Laserline, Berlin

Fachbuchverlag Holger Stöhr (FHS)
Internet: www.fhs-verlag.de

Inhaltsverzeichnis

Vorwort

Dieses Fachbuch zum Prüfungsfach »**Marketing & Vertrieb**« ist am aktuellen Rahmenstoffplan der Prüfung »**Handlungsspezifische Qualifikationen**« für den IHK-Lehrgang »**Wirtschaftsfachwirt/-in**« ausgerichtet.

Wer in eine Prüfung geht, ist oft nicht angemessen vorbereitet, und dies, obwohl er oder sie regelmäßig an Lehrgängen teilgenommen hat und die dazugehörigen Bücher oder Skripte gelernt hat. Was fehlt, ist der letzte Schliff. Zum Ende der Vorbereitung muss nochmals alles auf den Punkt gebracht werden. **Für die Erstellung eigener Zusammenfassungen fehlt oft die Zeit.** Es fehlen Tipps zur Vorgehensweise in der Prüfung. Korrekturen von Prüfungen zeigen immer, wie viele Punkte unnötig vergeudet werden. Zudem sollten zur Übung noch Prüfungen simuliert werden.

Zu diesem Zweck baue ich auf ein dreigleisiges Verfahren (**F.I.T.**):

- **Zusammenfassungen:** Zunächst wird der Inhalt/Stoff des Fachs kurz und verständlich zusammengefasst (Inhalte in Form von Zusammenfassungen).
- **Fragen:** Zur Prüfungsvorbereitung sind in Anhang A zwei Prüfungssimulationen enthalten (je 40 Pt.), die exakt auf dem Niveau der realen Prüfungen sind – vom Schwierigkeitsgrad, der Punkte- und der Stoffverteilung. Dazu werden in Anhang B ausführliche und klare Lösungen geliefert (Fragen/Aufgaben mit Lösungen)
- **Tipps:** Schließlich sollen Ihnen zahlreiche Tipps und Hinweise in Anhang C die Prüfung erleichtern (Tipps zur Fehlervermeidung).

Zudem fühlt man sich unsicher, was nun wichtig ist, und was weniger. Zur besseren Einordnung, inwiefern welcher Stoff **prüfungsrelevant** ist, sind zwei hilfreiche Aspekte eingebaut: (A) Zu jedem Kapitel, Unterkapitel etc. wird die Prüfungsrelevanz in 3 Stufen gemäß IHK-Rahmenstoffplan am rechten Rand mit einem Marker angegeben:

1. Die erste Stufe bezieht sich auf einfachen Lernstoff. Hier werden nur **Kenntnisse** in Form von Definitionen, Auflistungen usw. erwartet. Als Symbol dient die Diskette. 
2. Die zweite Stufe bezieht sich auf das **Verständnis** von Zusammenhängen und komplexeren Sachverhalten und deren Erläuterung. Als Symbol dient der kreisende Pfeil. 
3. Die dritte Stufe steht für gelerntes und verstandenes Wissen, das in Form von Fallbeispielen, Übungen und Rechnungen **Anwendung** findet. Als Symbol dient der Taschenrechner. 

(B) Zu jedem Kapitel bzw. Unterabschnitt wird in einer kleinen Tabelle am rechten Rand (etwas nach unten versetzt) detailliert dargestellt, in welchen vergangenen Prüfungen dieser Stoff in welcher Aufgabe und mit welcher Punktezahl abgefragt wurde. Diese Zuordnung gilt immer für den gesamten Bereich der Zwischenüberschrift bzw. des Teilkapitels (siehe Abbildungen der Innenseiten des Umschlags).

Natürlich können auf so knappem Raum nicht alle Themen ausführlich dargestellt werden. Stattdessen werden hier Zusammenfassungen geboten, die Ihnen ein schnelles Lernen und eine Einschätzung der Prüfungsrelevanz der Themen gewähren. Dabei wurden die bisherigen IHK-Prüfungen berücksichtigt (Stand: Juli 2018).

Ich wünsche Ihnen viel Spaß mit diesem Fachbuch und viel Erfolg beim Bestehen Ihrer Prüfung.

Dr. Holger Stöhr
Oberstdorf im Juli 2018

Zur Prüfung

Bei diesem Fach stehen die Masse des zu lernenden Wissens und dessen situationsbezogene Anwendung im Vordergrund:

- **IHK-Prüfung**: Wirtschaftsfachwirte, »Handlungsspezifische Qualifikationen«, Marketing in Situationsaufgabe I – davon ca. 20 Prozent, Vertrieb in Situationsaufgabe II – ebenfalls ca. 20 Prozent.
- **Zeit**: ca. 2 × 20 % = 40 % von 240 Minuten ≈ 100 Minuten.
- **Hilfsmittel**: Taschenrechner.
- **Probleme**: 1. Der Zeitfaktor könnte ein großes Problem werden. Zumal viele Prüflinge bei einzelnen Fragen zu viel bzw. zu wenig schreiben. Bei »Nennen ...« wird zu viel, bei »Erläutern ...« zu wenig geschrieben. 2. Die Masse des Stoffs und die oftmals ähnlich klingenden Begriffe laden zur Verwirrung ein. 3. Vielen Prüflingen fällt es schwer, gelerntes Wissen den gestellten Fragen zuzuordnen. 4. Die Anwendung von Wissen in Situationsaufgaben dürfte häufig schwieriger sein, als reine Wissensabfragen zu beantworten.
- **Lösungsstrategien**: 1. Konzentrieren Sie sich auf die Aufgaben und Ihr vorhandenes Wissen. Lesen Sie die Aufgaben ganz genau. Dazu sollte natürlich entsprechendes Wissen vorhanden sein. Das erforderliche Wissen können Sie in den folgenden Kapiteln nochmals kurz wiederholen. 2. Üben Sie anhand von alten Prüfungen und den beiden Prüfungssimulationen in Anhang A die Lösung von wissensorientierten und situationsbezogenen Aufgaben und bekommen Sie ein Gespür dafür, was erwartet wird. 3. Marketing ist ein sehr praxisnahes Fach. Lernen Sie mit eigenen Beispielen. Denken Sie dabei an allgemein bekannte Unternehmen (bspw. BMW) oder an Ihren Arbeitgeber.

1 Marketingplanung

1.1 Marketingprozess

H 2011 I: A8b, 6 Pt.

Die **Absatzwirtschaft** beschäftigt sich mit der optimalen Gestaltung des Absatzes. Das **Marketing** betrachtet demgegenüber nicht nur Absatzmärkte, sondern auch Beschaffungsmärkte für Material, Waren, Personal, Maschinen und Kapital. Der **moderne Marketing-Gedanke** richtet alle betrieblichen Funktionen am Endziel des Absatzes der Produkte aus.

Verkäufermärkte sind durch eine Überschussnachfrage gekennzeichnet. In der Realität finden sich heutzutage häufiger **Käufermärkte**. Merkmale des Käufermarktes: (1) zu viele Anbieter, (2) Angebot > Nachfrage, (3) die Verkäufer müssen ständig neue Produkte und Dienstleistungen entwickeln und anbieten, (4) es besteht ein intensiver Wettbewerb mit großem Marketingaufwand.

Zudem werden folgende Bereiche des Marketings unterschieden:

- **Konsumgütermarketing**: Hier geht es um den Absatz von Konsumgütern für den Endverbraucher.
- **Dienstleistungsmarketing**: Beim Absatz von Dienstleistungen herrscht oft wesentlich weniger Markttransparenz vor, wodurch die direkten Kundenbeziehungen noch wichtiger werden.
- **Investitionsgütermarketing**: Der Absatz von Investitionsgütern findet gegenüber einer wesentlich besser informierten Käuferschaft statt und bedarf daher anderer Instrumente.
- Zudem kann noch das **Non-Profit-Marketing** betrachtet werden, bei dem es um das Fundraising (bspw. Spenden) der Nicht-Regierungsorganisationen geht.

1

1.2 Marketing-Ziele

Eine vernünftige Marketingstrategie bedarf geeigneter Ziele. In Bezug auf die Ziele folgen hier zunächst einige allgemeine Aussagen. Anschließend betrachten wir konkrete Marketingziele.

Zielmessbarkeit

- **qualitative Ziele** sind nicht-messbare Ziele, wie bspw. Imagesteigerung oder Verbesserung des Betriebsklimas. Die Zielerreichung kann nur schwer kontrolliert werden.
- **quantitative Ziele** sind messbare Ziele, wie Umsatzsteigerung oder Gewinnmaximierung. Zwar mag es hier auch Probleme bei der Erfassung geben, aber grundsätzlich sind solche Ziele quantifizierbar, d. h. in Zahlengrößen darstellbar.
- **monetäre Ziele** lassen sich in Geldeinheiten ausdrücken (bspw. Umsatzsteigerung in EUR oder USD)
- **nicht-monetäre Ziele** können nicht in Geldeinheiten benannt werden (bspw. Imagesteigerung). Nicht-monetäre Ziele können aber durchaus quantitativ sein – bspw. Erhöhung der Produktionsmenge.

Zielbeziehungen

Sofern es mehr als ein Ziel gibt, bestehen Beziehungen zwischen diesen Zielen. Es lassen sich die folgenden **Zielbeziehungen** unterscheiden:

- **Zielkomplementarität** (Zielharmonie bzw. komplementäre Ziele): Ziele ergänzen sich gegenseitig und können gleichzeitig erreicht werden (bspw. Umsatz- und Gewinnsteigerung).
- **Zielkonkurrenz** (Zielkonflikt): Ziele können nicht zugleich erreicht werden (bspw. Maximierung von Rendite und Liquidität). Gerade dieser Fall der Zielkonflikte bedarf besonderer Aufmerksamkeit.

- **Zielneutralität** (Zielindifferenz): Die Ziele sind dabei unabhängig voneinander (bspw. Mitarbeiterzufriedenheit und Umweltschutz). Dieser Fall ist eher unrealistisch, da indirekt zumeist alle Ziele voneinander abhängen – vor allem aufgrund der Kosten.
- **Zielidentität**: Die Ziele sind identisch, nur anders formuliert (bspw. Umsatzsteigerung und Erhöhung der Erlöse).

SMART-Formel

Ziele sollten allgemein folgenden Anforderungen genügen:

- **S** (spezifisch) → konkrete, präzise und eindeutige Ziele
- **M** (messbar) → Ziele müssen messbar und kontrollierbar sein
- **A** (akzeptiert/anspruchsvoll) → attraktives und akzeptiertes Ziel, das anspruchsvoll und motivierend sein sollte
- **R** (realistisch) → die Ziele sollten mit gegebenen Ressourcen realisierbar sein
- **T** (terminiert) → die Ziele sollten zeitlich klar definiert sein

Konkrete Marketingziele

Zu den konkreten Zielen des Marketings zählen:

F **2012 I: A5a,** 5 Pt.
F **2018 II: A8b,** 6 Pt.

- Gewinn, Umsatz, Rentabilität steigern
- Marktanteile erhöhen oder bewahren
- Image verbessern
- neue Märkte besetzen oder bestehende Märkte erhalten
- Kundenorientierung/-beziehungen verbessern
- Zusammenarbeit mit Lieferanten verbessern
- verbesserter Einsatz der Marketinginstrumente

1

1.3 Marketingstrategien

1.3.1 Arten von Strategien

Unter einer **Strategie** werden langfristig ausgerichtete Verhaltensweisen von Unternehmen zur Erreichung ihrer Ziele verstanden. Entsprechend werden unter **Marketingstrategien** langfristig orientierte Verhaltensweisen zur Erreichung bestimmter Marktziele verstanden. Es werden dabei zwei Schritte unterschieden:

1. **Marktwahlstrategien**: Im ersten Schritt wird festgelegt, welche Teilmärkte bearbeitet werden. Dabei werden strategische Geschäftsfelder (SGF) ausgewählt und daraus strategische Geschäftseinheiten (SGE) gebildet (siehe unten). Innerhalb der SGF erfolgt eine Marktsegmentierung.
2. **Marktbearbeitungsstrategien**: Im zweiten Schritt wird innerhalb der gewählten SGF das strategische Verhalten gegenüber Kunden, Konkurrenten, Absatzmittlern usw. festgelegt.

- **Strategische Geschäftsfelder** (SGF) werden allgemein als »Produkt-Markt-Kombinationen« bezeichnet, die eine gemeinsame Funktion besitzen und sich von anderen unterscheiden. Für gewöhnlich versteht man darunter Produkte (hochwertige Massivholz-Schreibtische), Märkte (mittelständische Unternehmen in Süddeutschland als Kunden) oder Technologien (bestimmte Kombinationsmöglichkeiten der Schreibtischelemente).
- **Strategische Geschäftseinheiten** (SGE) sind hingegen Teilbereiche der Aufbauorganisation eines Unternehmens, in denen zusammengehörige strategische Geschäftsfelder gebündelt werden (bspw. Büromöbel für Geschäftskunden). Die SGE können in Form von Profit Centern oder Sparten gebildet werden.

Marketingstrategie	Beschreibung
Marktsegmentierung	Der Gesamtmarkt wird in Teilmärkte eingeteilt und bearbeitet.
Marktwachstumsstrategien (Ansoff-Matrix)	Es werden vier Produkt-Markt-Kombinationen für Wachstum unterschieden.
Verhaltensstrategien gegenüber Absatzmittlern	Push- u. Pull-Strategien in Bezug auf die Positionierung gegenüber dem Handel.
Verhaltensstrategien gegenüber Konkurrenten	Ziel ist eine optimale Verhaltensstrategie gegenüber Konkurrenten.
Wettbewerbsstrategien nach Porter	Ziel ist die klare Wettbewerbspositionierung gegenüber Konkurrenten.
Markteintrittsstrategien (vgl. Kapitel 2.2.1)	Erfolgt der Markteintritt als Pionier oder als Nachahmer (früh oder spät)?

Marktsegmentierung

H 2012 I: A4a, 5 Pt.

Sofern ein Gesamtmarkt in Teilmärkte aufgeteilt wird, spricht man von Marktsegmentierung. Hierbei werden 2 Gruppen von Kriterien in Bezug auf Kunden unterschieden:

- Zu den **sozio-ökonomischen Kriterien** zählen bspw. Alter, Geschlecht, Schulbildung, Beruf, Einkommen und Vermögen.
- Zu den **psychografischen Kriterien** können Werte, Einstellungen, Normen und Glauben gerechnet werden (bspw. Kosten-, Gesundheits-, Qualitäts- und Nachhaltigkeitsorientierung).

Marktwachstumsstrategien: Ansoff-Matrix

F 2011 I: A6a-c, 10 Pt.
F 2013 I: A6, 8 Pt.
H 2013 I: A5b, 6 Pt.
F 2015 I: A1, 8 Pt.
H 2016 I: A5a-b, 10 Pt.
F 2018 I: A7b, 9 Pt.

Eine wichtige Darstellung möglicher Marktstrategien kann mit Hilfe der **Ansoff-Matrix** (Produkt-Markt-Matrix) vorgenommen werden. Es werden die beiden Dimensionen Märkte und Produkte unterschieden. Zudem wird bei jeder Dimension die Frage gestellt, inwiefern es sich um neue Märkte/Produkte oder schon vorhandene, alte, entwickelte Märkte/Produkte handelt. Daraus lassen sich dann in einer 4-Felder-Matrix vier Normstrategien ableiten:

1

Markt / Produkt	alt bzw. vorhanden	neu
alt bzw. vorhanden	**1. Marktdurchdringung**: bspw. durch Verdrängung	**2. Marktentwicklung**: bspw. neue Regionen, neue Kundengruppen
neu	**3. Produktentwicklung**: bspw. durch Innovationen	**4. Diversifikation**: horizontal, vertikal und diagonal

Zu den einzelnen Normstrategien und möglichen Risiken:

1. Die **Marktdurchdringung** kann bspw. durch Verdrängung bisheriger Konkurrenten erfolgen. Zu den Risiken zählen die möglichen Reaktionen der etablierten Konkurrenten: Absprachen, Kooperationen, Fusionen der Konkurrenz, neue Preisstrategien usw.
2. Die **Marktentwicklung** in fremden Märkten kann sich auf neue Regionen/Länder/Kontinente oder neue Kundengruppen beziehen. Problematisch ist immer die mangelhafte Kenntnis dieser Märkte und der dortigen Konkurrenzsituation. Zudem sind gesetzliche Änderungen vor Ort zu bedenken. Vorteilhaft sind die Kostenvorteile durch größere Produktionsmengen (Fixkostendegression).
3. Die **Produktentwicklung** kann durch Innovationen oder einer weiteren Produktdifferenzierung erfolgen. Riskant ist eine Imageschädigung durch ein floppendes Produkt.
4. Die **Diversifikation** kann in die bekannten drei Richtungen erfolgen. Das ist sicherlich die riskanteste Strategie, da neue Märkte mit neuen Produkten nur schwer prognostiziert werden können. Zudem dürften die Investitionskosten sehr hoch sein.

Verhaltensstrategien gegenüber Absatzmittlern

H 2013 I: A5a, 4 Pt.

- **Push-Strategie** (»anschieben/anstoßen«): Sie besteht in dem Versuch die eigenen Produkte aktiv im Handel zu positionieren und zu fördern.
- **Pull-Strategie** (»ziehen«): Hier wird hingegen versucht, durch bspw. Werbung Einfluss auf den Endverbraucher zu nehmen, so dass dieser den Handel zur Listung der Ware drängt.

Verhaltensstrategien gegenüber Konkurrenten

- **Konfliktstrategie**: Mittels der Wettbewerbsparameter Preis, Qualität, Service, Innovationskraft werden höhere Marktanteile zulasten der Konkurrenz angestrebt.
- **Kooperationsstrategie**: Durch Absprachen (Vorsicht: Kartellverbot) wird eine gemeinsame Strategie zu Lasten der Konsumenten durchgeführt.
- **Anpassungsstrategie**: Alle Anbieter passen hier ihr Verhalten zweckmäßigerweise aneinander an. Dabei kann der Marktführer als Vorreiter gelten.

Wettbewerbsstrategien nach Michael E. Porter

F 2011 I: A1b, 2 Pt.
F 2016 I: A4a-b, 8 Pt.

- **Differenzierungsstrategie** (Qualitätsorientierung): Diese Strategie der Ausrichtung an einer überdurchschnittlichen Qualität kann vor allem durch die Etablierung eines **Alleinstellungsmerkmals** (**»Unique Selling Proposition«, USP**) erreicht werden. Unser Produkt muss sich von der Konkurrenz durch Qualität und Innovation deutlich abheben. Voraussetzung ist ein Fokus auf Forschung & Entwicklung sowie ein etabliertes und funktionierendes Qualitätsmanagement.
  - Bei einer **echten USP** liegen wirkliche Unterschiede vor.
  - Bei einer **künstlichen USP** wird nur ein imaginärer Nutzen betont: »bestes Produkt«, »echt schmackhaft« usw.
- **Strategie der Kostenführerschaft**: Das Unternehmen zielt auf die geringsten Kosten am Markt ab. Dieses Ziel kann nur durch Produktion standardisierter Massenprodukte erreicht werden. Die Produktionsprozesse müssen hier ständig optimiert werden.
- **Konzentrationsstrategie** (Nischenstrategie): Hier werden bestimmte Nischen anvisiert, die zu besetzen sind. Dabei sind keine großen Absatzmengen zu erwarten, dafür aber eher hochpreisige Produkte. Erforderlich ist eine klare Identifizierung möglicher Nischen.

1

1.3.2 Strategische Marketingplanung u. -analyse

In diesem Teilkapitel werden verschiedene Analyseinstrumente bzw. Techniken des Marketings vorgestellt. Dazu zählt auch das weite Feld der Marktforschung.

Marktforschung

F 2012 I: A6a, 4 Pt.

Zur Analyse der Kundenwünsche bedarf es einer genauen **Marktforschung**:

Marktforschung	Primärforschung	Sekundärforschung
Definition	Feldforschung (**field research**) durch erstmalige Ermittlung von Daten durch Befragungen, Interviews, Tests, Beobachtungen und Panels.	Verarbeitung vorhandener Daten (Statistisches Bundesamt, Verbände, Internet, Fachzeitschriften usw.): **desk research**
Vorteile	• aktuelle Informationen • genau an den Wünschen des Unternehmens ausgerichtet	• schnell greifbar • günstig
Nachteile	• Zeitbedarf • teuer	• evtl. veraltet • häufig nicht spezifisch genug an den Erfordernissen ausgerichtet

Zeitbezug der Marktforschung

- **Marktbeobachtung** über einen längeren Zeitraum hinweg.
- **Marktanalyse** zu einem bestimmten Zeitpunkt Märkte intensiv untersuchen.
- **Marktprognose** als erwartete zukünftige Entwicklung.

Marktuntersuchungen

H 2014 I: A4a-b, 8 Pt.
F 2017 I: A5a-b, 7 Pt.

Als Vorteile externer Marktuntersuchungen gelten:

- externe Dienstleister haben mehr diesbezügliches Know-how
- zu wenig internes Personal für dieses Vorhaben vorhanden
- da die internen Strukturen fehlen, ist es extern evtl. günstiger
- objektivere Erhebung durch externe Dienstleister

Zu den möglichen Inhalten einer Marktuntersuchung könnten zählen: Trends, Konkurrenzstruktur/-verhalten, Kundeninformationen (Kundenstruktur etc.), technische Neuerungen.

Verbraucherpanel

H 2014 I: A4c, 2 Pt.

Als (Verbraucher-) Panel werden regelmäßig wiederholte Befragungen der gleichen Personen zum gleichen Thema verstanden. Zweck ist die Identifikation von Veränderungen im Verbraucherverhalten, der Früherkennung von Trends usw. Nachteilig: Es ist sehr teuer und aufwendig ein solches Verfahren dauerhaft durchzuführen. Die Langzeitmotivation der Teilnehmer ist gering. Zudem führen neue Fragen/Themen zur Entwertung des Panels.

E-Mail-Befragung

H 2015 I: A6c, 4 Pt.

Zu den Vor- und Nachteilen zählen:

- **Vorteile**: kostengünstig und schnell, digitale Weiterverarbeitung ebenfalls schnell und weniger fehleranfällig. Zudem handelt es sich um eine Form der Kundenpflege.
- **Nachteile**: geringe Rücklaufquote, die Befragung muss sehr knapp sein, da sonst eine noch geringere Rücklaufquote zu erwarten ist. Sofern die Rücklaufquote gering ist, dürfte die Befragung auch wenig repräsentativ sein.

1

Produktlebenszyklus

H 2011 I: A4b, 5 Pt.
F 2014 I: A6a-b, 11 Pt.

Mittels des **Produktlebenszyklus** lassen sich mögliche Zukunftsaussichten unserer vorhandenen Produkte/Sortimentsbereiche analysieren, um daraus eine optimale Strategie ableiten zu können.

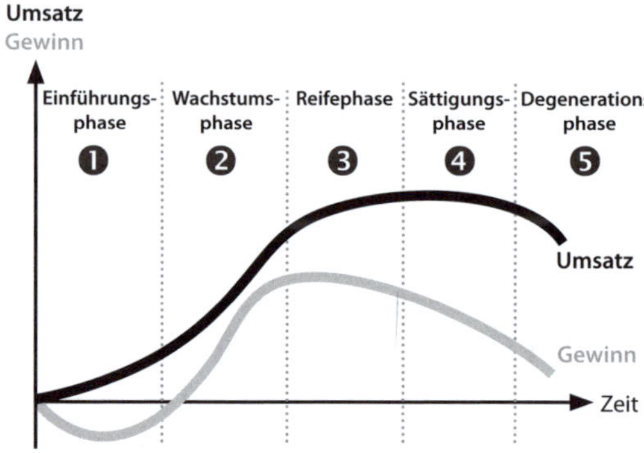

Tipp:

Häufig wird in Abbildungen der Verlust in der Einführungsphase nicht eingezeichnet/berücksichtigt.

Es werden fünf Phasen unterschieden: ❶ Einführungsphase, ❷ Wachstumsphase, ❸ Reifephase, ❹ Sättigungsphase und ❺ Degenerationsphase. Aufgrund hoher Einführungskosten (Forschung und Entwicklung, Werbung) entstehen zu Beginn Verluste. In der Wachstums-/Reifephase kommen für gewöhnlich Konkurrenten auf den Markt und mindern die Gewinne – trotz noch steigender Umsätze. Es können grundsätzlich Gewinn, Umsatz, Marktanteil, Deckungsbeitrag usw. betrachtet werden.

Lebenszyklusphase	Instrument der Marketingpolitik
❶ **Einführung**	• Aufbau des Distributionssystems • Promotionsstrategie im Verkauf
❷ **Wachstum**	• Expansionswerbung • breite Käuferschichten bewerben
❸ **Reife**	• Preissenkungen • Produktvariationen
❹ **Sättigung**	• Erhaltungswerbung • Sondermodelle und Zugaben
❺ **Degeneration**	• Produkteliminierung • Abverkaufmaßnahmen

Portfolio-Analyse

F 2009 I: A8a-b, 14 Pt.
F 2014 I: A7a-b, 8 Pt.
H 2017 I: A5a-b, 14 Pt.

Die **Portfolio-Analyse** (BCG = Boston Consulting Group) betrachtet weitere Faktoren, die Auskunft über die Lage und zukünftige Entwicklungen unserer Produkte geben könnten. Ziel ist dabei jeweils eine angepasste optimale Strategie (**Normstrategie**) für die einzelnen Produkte in den 4 Feldern:

❶ **Fragezeichen** (Question marks): Diese Märkte mit Chancen sind nicht eindeutig. Sofern die Chancen gut stehen, vom Marktwachstum zu profitieren, sollte kräftig investiert werden (**Offensivstrategie**). Andernfalls sollte ein Rückzug vom Markt erwogen werden.

❷ **Sterne** (Stars) müssen am Himmel bleiben. Daher muss investiert werden, um die Marktstellung halten zu können (**Wachstumsstrategie**).

❸ Bei **Melkkühen** (Cash cows) sollten nur die notwendigen Investitionen durchgeführt werden. Die Überschüsse sollten zur Förderung zukünftiger Stars in aktuelle, Erfolg versprechende Fragezeichen investiert werden (**Gewinnabschöpfungsstrategie**).

1

❹ Die **armen Hunde** (Poor dogs) sollten vom Markt eliminiert werden (**Desinvestitionsstrategie**). Nur aus Gründen der Produktion, des Sortiments oder des Images könnte ein Weiterbetrieb gerechtfertigt sein.

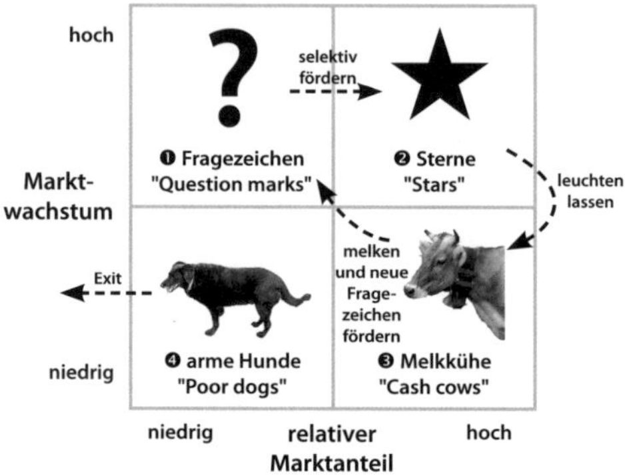

Tipp:
Die Bedeutung der Produkte, Produktgruppen oder Sparten kann durch die Größe von Kreisen dargestellt werden.

Zur **Berechnung des relativen Marktanteils** wird folgende Formel verwendet (bspw. unser Marktanteil = 15 %, stärkster Konkurrent = 25 %):

$$\text{relativer Marktanteil} = \frac{\text{eigener Marktanteil}}{\text{Marktanteil des stärksten Konkurrenten}} \times 100\,\%$$

$$= \frac{15\,\%}{25\,\%} \times 100\,\% = 60\,\%$$

Neben dem Marktwachstum und dem relativen Marktanteil kann eine **dritte Dimension** eingebaut werden: Der **Umsatz** der betreffenden Produkte wird durch die **Größe von Kreisen** dargestellt.

Zu den **Stärken und Schwächen der BCG-Portfolio-Analyse** zählen:

- **Stärken/Vorteile**: schneller Überblick, leichte Ableitung von Normstrategien und deren Handlungsempfehlungen.
- **Schwächen/Nachteile**: da nur max. drei Dimensionen betrachtet werden, können niemals alle Unterschiede dargestellt werden, etwas schematisch, kann zu kurzsichtigem Handeln verleiten.

Branchenstrukturanalyse

F 2015 I: A2a, 5 Pt.

Nach Michael E. Porter wird die Wettbewerbsfähigkeit eines Unternehmens auf einem bestimmten Markt maßgeblich durch **fünf Wettbewerbskräfte** bestimmt:

- **direkte Konkurrenten** der eigenen Branche: Welche Marktanteile haben die Konkurrenten? Wie ist das Verhalten der Konkurrenten?
- **neue (potenzielle) Konkurrenten**: Besteht die Gefahr, dass neue Konkurrenten auf dem Markt auftreten? Woher könnten diese Konkurrenten stammen (bisherige Märkte, Produkte)?
- **Substitutionsprodukte**: Welche alternativen Produkte bringen dem Konsumenten den gleichen Nutzen? Sind hier technische Neuerungen zu erwarten?
- **Kunden**: Wie ist die Kundenstruktur? Wie ist langfristige Zusammenarbeit mit diesen und deren Kundentreue?
- **Lieferanten**: Wie groß ist die Abhängigkeit von einzelnen Lieferanten? Besteht eine enge, langfristige Zusammenarbeit?

Konkurrenzanalyse

H 2014 I: A5a-b, 10 Pt.

Die Konkurrenzanalyse bedarf der Identifikation möglicher Konkurrenten. Diese können anhand der folgenden Aspekte ermittelt werden: (1) gleiche Zielgruppen bei Kunden, (2) vergleichbare Produkte, (3) gleiche Absatzmärkte, (4) ähnliche Produktqualität, (5) vergleichbares Preisniveau, (6) ähnliche Vertriebskanäle und (7) ähnliche Unternehmensgröße.

Im Rahmen einer **Stärken-/Schwächen-Analyse** kann dann ein Vergleich mit den stärksten Konkurrenten anhand der folgenden Kriterien erfolgen: Qualität, Preise, Innovationskraft, Reaktionsgeschwindigkeit auf Marktveränderungen, Sortimentsbreite/-tiefe usw.

1

SWOT-Analyse

Die **SWOT-Analyse** ermittelt die internen Stärken (Strengths) und Schwächen (Weaknesses) des Unternehmens, um daraus eine Strategie hinsichtlich möglicher externer Chancen (Opportunities) und Risiken/Gefahren (Threats) zu entwickeln.

- Zu den **internen Faktoren** zählen: Qualifikation der Mitarbeiter, Kosten allgemein (bspw. Lohnniveau), Finanzkraft, Image, Innovationsstärke, Sortimentsbreite und -tiefe.
- Zu den **externen Faktoren** zählen: demografische Trends (bspw. Alterung in Industrienationen), Technologien, kultureller Wandel, Gesetzgebung, politische Lage, Konkurrenten, Lieferanten.

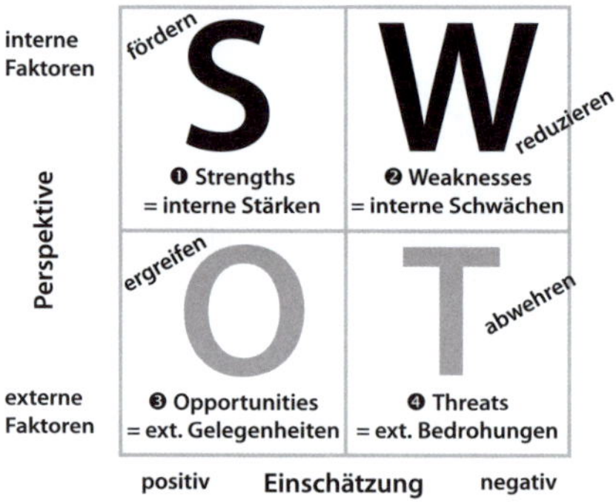

Erfahrungskurven-Analyse

Insbesondere aus der Industrie ist der Effekt der **Fixkostendegression** bekannt, der besagt, dass die Fixkosten pro Stück einer Abrechnungsperiode (Monat) sinken, wenn die Kapazitätsauslastung steigt. Die **Erfahrungskurven-Analyse (Lernkurve)** geht noch weiter, und behauptet, dass die Stückkosten durch den Erfahrungsgewinn sinken, je mehr Einheiten im Laufe der Zeit (Monate, Jahre) von einem Produkt produziert werden.

1.4 Marketingplan

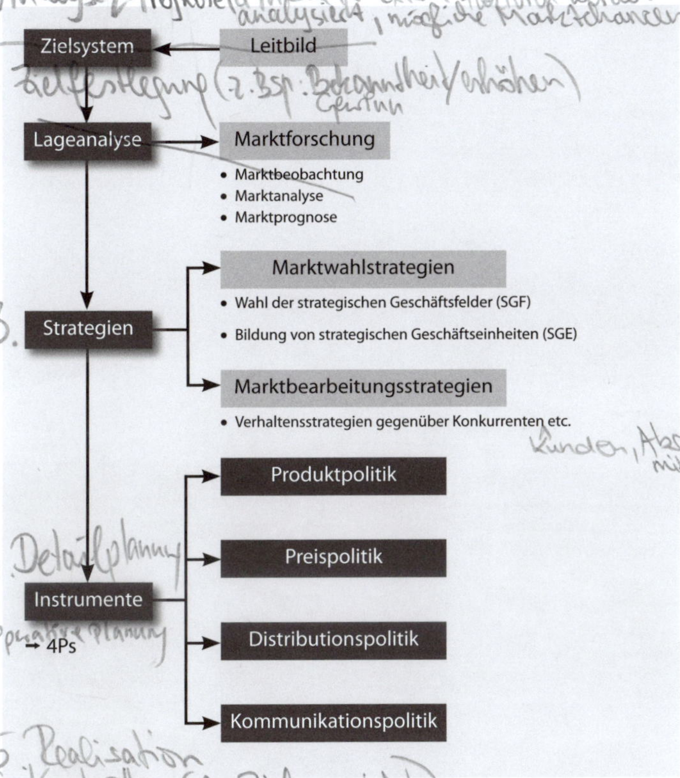

Ein sinnvoller Marketingplan besteht immer aus den Elementen Zielsystem (inkl. Leitbild), der Lageanalyse (inkl. Marktforschung), den gewählten Strategien zur Umsetzung der Ziele sowie den konkreten Instrumenten im Sinne des Marketingmix.

2 Marketinginstrumentarium

2.1 Marketinginstrumente

F 2016 I: A5, 8 Pt.

Nachdem verschiedene Marketingstrategien betrachtet und ein Marketingplan erstellt wurde, geht es nun um den Einsatz der konkreten Marketinginstrumente.

Zwar werden auch bisweilen erweiterte Formen betrachtet, trotzdem ist die geläufigste Variante das Prinzip der 4Ps. Die Instrumente des Marketings werden mit Hilfe des **Marketing-Mix** zusammengefasst (**4P-Prinzip**: **P**roduct, **P**rice, **P**lace und **P**romote):

- Die **Produktpolitik** (Product) beschäftigt sich mit der Gestaltung des Produktes, der Schaffung eines Produktionsprogrammes/Sortiments sowie der Art des zu gewährenden Kundendienstes.
- Bei der **Kontrahierungspolitik** (Price) geht es um die Geschäftsabschlüsse. Diese hängen von den Preisen und der Preisdifferenzierung sowie der Gestaltung von Rabatten, sonstigen Konditionen und ggf. Ratenzahlungskonditionen ab.
- Die **Distributionspolitik** (Place) betrachtet den Weg der Ware hin zum Kunden (Direktvertrieb vs. Handel).
- Ziel der **Kommunikationspolitik** (Promote) ist, den Kunden auf das Unternehmen und seine Produkte aufmerksam zu machen.

Folglich stehen dem Marketing eines Unternehmens zahlreiche Instrumente bzw. Aktionsparameter zur Verfügung, die es sinnvoll zu gestalten gilt.

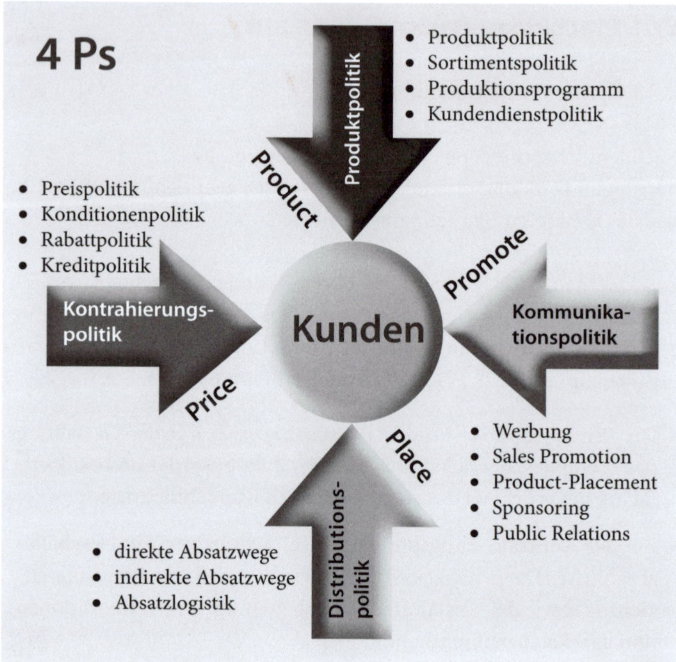

2.2 Produktpolitik

Im Zentrum der Marketinginstrumente steht die Produktpolitik. Denn dem Kunden geht es vor allem um ein aus seiner Sicht optimales Produkt. Zur Produktpolitik gehören:

- Das Ziel der **Produktgestaltung** ist die grundlegende Gestalt (Funktionalität, Design etc.) des Produkts zu optimieren (Kap. 2.2.1).
- In der **Programm- und Sortimentspolitik** werden die verschiedenen Produkte eines Unternehmens sinnvoll zusammengefügt (Kap. 2.2.2).
- Neben dem eigentlichen Produkt wird dem Kunden ein Mehrwert durch eine kundenfreundliche **Servicepolitik** gewährt (Kap. 2.2.3).

2.2.1 Produktgestaltung

Welche Faktoren bestimmen den Wert eines Produktes aus Sicht des Kunden? Hierzu zählen vor allem die folgenden Aspekte:

- **Funktionalität des Produkts**: Welche Funktionen bietet das Produkt für den Kunden? Hierbei ist auch die Innovationsleistung aus Sicht des Kunden zu beachten.
- **Qualität des Produkts**: Welche Qualität hat unser Produkt?
- **Design des Produkts**: Wie ist das Design zu beurteilen?
- **Markenstrategie**: Welche Markenstrategie betreiben wir? Welchen Imagegewinn kann der Kunde aus dem Kauf des Produkts erzielen?
- **Verpackung**: Inwiefern schafft die Verpackung beim Kunden einen Mehrwert?
- **Serviceleistungen**: Welche Serviceleistungen bieten wir dem Kunden?

Analysebereiche der Produktpolitik

Zu den Analysebereichen, die in der Produktpolitik von besonderer Bedeutung sein können, zählen u. a.: H 2011 I: A4a, 9 Pt.

- Lebensalter der Produkte, Altersstruktur des Sortiments
- Kundenstruktur u. Umsatzstruktur
- Zusammensetzung der Deckungsbeiträge

Produktentwicklungsprozess

Die Einführung neuer Produkte besteht aus verschiedenen Phasen: 1. Planungsphase, Konzeptphase, Entwurfsphase und Ausführungsphase (Modell von Pahl/Beitz). 2. Ideenfindung, Ideenbewertung, Produktentwicklung im engeren Sinne, Modelle/Prototypen, Testreihen, Serienreife, Fertigung und Markteinführung.

2

Produktnutzen

In Bezug auf den Produktnutzen werden verschiedene Dimensionen unterschieden:

- **Grundnutzen:** Das sind die grundlegenden Eigenschaften, die Kunden beim Kauf des Produkts erwarten (bspw. können mit einer externen Festplatte Daten gespeichert werden).
- **Zusatznutzen:** Alle zusätzlichen Formen der Funktionalität bzw. der Qualität werden als Zusatznutzen bezeichnet (bspw. kann die Festplatte einen besonderen Datenschutz durch Passwortschutz oder eine besondere Datensicherheit durch eine besonders stabile Bauweise gewähren).
- **Erbauungsnutzen:** Das Design kann das ästhetische Empfinden des Käufers erfreuen (bspw. könnte sich die Festplatte besonders formschön zu einem passenden Designerlaptop ergänzen).
- **Geltungsnutzen:** Hierdurch erlangt der Käufer soziale Anerkennung bzw. Aufwertung durch die öffentliche, zur Schau gestellte Nutzung (in unserem Beispiel ist das bei einer externen Festplatte schwer vorstellbar, bei einem Smartphone hingegen schon).

Innovation

Im Rahmen des Wettbewerbs stehen einem Unternehmen grundsätzlich die folgenden Strategien zur Verfügung:

- Zunächst wird ein Produkt von einem **Innovator** (Pionier) neu entwickelt (Innovation).
- Der **Imitator** (Nachahmer) kopiert (imitiert) das Produkt. Gegebenenfalls kann er das Produkt weiterentwickeln und damit ein neuer **Innovator** werden. Dabei holt er den alten Innovator nicht nur ein, sondern überholt diesen.

Markenstrategie

H 2011 I: A5b, 7 Pt.

Der Zweck einer Markenstrategie ist die Unterscheidung und Differenzierung der eigenen Produkte und Produktgruppen von denjenigen anderer Unternehmen. Der Kunden soll sich mit den Marken identifizieren können. Teilweise werden in größeren Unternehmen auch miteinander konkurrierende Marken aufgebaut, um damit unterschiedliche Kundengruppen anzusprechen und internen Wettbewerb zu schaffen. Eine Marke hebt sich von anderen Produkten durch ihr Produktdesign, die Qualität, den Service usw. ab.

Folgende Elemente könnten zur **Definition einer Herstellermarke** dienen:

- Firma des Herstellers
- Logo, Schriftart, Farben des Unternehmens
- Image und Bekanntheitsgrad des Herstellers
- Qualitäts-/Serviceniveau des Herstellers

Zu den **Vorteilen** einer erfolgreichen **Markenstrategie** zählen:

- Etablierung eines Kundenvertrauens durch überzeugende Qualität
- dadurch Festlegung höherer Verkaufspreise
- höhere Gewinnmargen und damit eine höhere Rentabilität
- zunehmender Bekanntheitsgrad, Wiedererkennungseffekt
- Marken als Basis der Werbung

Es werden folgende **Formen von Markenstrategien** unterschieden:

- **Einzelmarkenstrategie**: Für jedes Produkt/jeden Markt werden eigene Marken geführt. Diese haben oft keinen Bezug zum Unternehmensnamen (bspw. Nutella und Hanuta als Marken von Ferrero). *Vorteil*: Unabhängigkeit der Marken (zur Differenzierung hoher/niedriger Preise oder Qualität). *Nachteil*: Kosten zur Herausbildung der verschiedenen Marken.

- **Mehrmarkenstrategie**: Dabei werden in einem Markt zwei oder mehr Marken konkurrierend geführt (bspw. Seat und Skoda im VW-Konzern). *Vorteile*: interne Konkurrenz, bessere Marktabschöpfung, hohe Markteintrittsbarrieren für Konkurrenzmarken. *Nachteile*: gegenseitige Kannibalisierung (Investitionen in eine Marke gehen zu Lasten einer anderen Marke und nicht der Konkurrenz), Synergieeffekte werden nicht oder weniger genutzt.
- **Markenfamilienstrategie**: Hier werden einheitliche Marken für unterschiedliche Märkte/Produkte genutzt (bspw. Nivea als Markennamen für viele unterschiedliche Produkte). *Vorteile*: geringere Kosten für neue Produkte gegenüber einer Einzelmarkenstrategie, bekannte Marken erhöhen den Umsatz für neue Produkte innerhalb der Markenfamilie. *Nachteile*: negative Schlagzeilen eines Produktes treffen auch die anderen Produkte der Markenfamilie, es kann nicht so leicht differenziert werden (hoher/niedriger Preis etc.).
- **Dachmarkenstrategie**: In diesem Fall werden alle Marken eines Unternehmens unter einer Marke zusammengefasst (bspw. Ferrero). *Vor- und Nachteile* wie bei Markenfamilienstrategie.

Kennzeichen eines Markennamens

Folgende Kennzeichen sollte ein Markenname erfüllen:

- deutlicher Unterschied zu Konkurrenzmarken/sonstigen Marken
- Schutzfähigkeit durch gewerbliche Schutzrechte
- attraktiv, einprägsam sowie gute Aussprachemöglichkeit in möglichst vielen Ländern
- internationale Nutzbarkeit
- Bedeutung der Marke aus Sicht der Kunden

Produktvariation und Produktdifferenzierung

2

Die **Produktvariation** (manchmal als »Facelift« bezeichnet) steht für eine Anpassung oder Veränderung eines schon auf dem Markt vorhandenen Produktes, das danach etwas verändert weiterhin angeboten wird (bspw. Anpassung der Rezeptur eines Getränks oder die neue Generation eines technischen Geräts).

F 2013 I: A4a-b, 4 Pt.

Die **Produktdifferenzierung** (zunehmende **Sortimentstiefe**) steht für eine Erweiterung bzw. Ergänzung eines vorhandenen Produktes hinsichtlich technischer Ausstattung, Design (Farbe, Form) usw. Es gibt dann **verschiedene Ausführungsvarianten eines Produktes.** Hier sollen durch die verschiedenen Formen des Produktes verschiedene Kundenwünsche erfüllt werden.

Produktdiversifikation

Sofern das Sortiment um neue Produkte erweitert wird (zunehmende **Sortimentsbreite**), spricht man von **Produktdiversifikation**. Hierbei werden verschiedene Formen unterschieden:

F 2013 I: A4a-b, 4 Pt.

- Die **horizontale Diversifikation** steht für eine Ausdehnung auf der gleichen Wirtschaftsstufe mit ähnlichen Produkten (bspw. könnte der Hersteller externer Festplatten auch interne Festplatten oder USB-Sticks produzieren).
- Bei der **vertikalen Diversifikation** werden vor- oder nachgelagerte Produkte integriert (bspw. durch Kauf eines Herstellers von Speicherbausteinen oder Verkauf von Laptops inkl. Festplatten).
- Die **laterale Diversifikation** steht für eine Produktpalette ohne inneren Zusammenhang (bspw. Festplatten und Taschenlampen).

2

2.2.2 Programm- und Sortimentspolitik

Kunden erwarten zumeist nicht nur ein bestimmtes Produkt, sondern eine ganze Produktlinie. Für gewöhnlich bezeichnen Hersteller dies als Programm. Der Handel spricht hingegen von Sortiment.

Produktvariation

Es sind besonders die folgenden beiden Dimensionen der Sortimentsgestaltung zu beachten:

- **Sortimentsbreite:** Sie steht für die Vielzahl der Produkte (bspw. externe/interne Festplatten, USB-Sticks, Speicherkarten, Adapterlösungen usw.).
- **Sortimentstiefe:** Hier geht es um die Varianten innerhalb einer Produktart (bspw. Speicherumfang der externen Festplatten 256 GB, 512 GB, 1 TB, 2 TB oder die Farbvariationen bzw. Größe und Technik: SSD vs. herkömmliche Festplatten).

Produktelimination

Erfolglose Produkte könnten zu einem bestimmten Zeitpunkt eliminiert werden. Zunächst stellt sich dabei die Frage nach den möglichen **Analysetechniken**. Hier könnten bspw. die schon in Kapitel 1.3.2 beschriebene Produktlebenszyklusanalyse oder die Portfolio-Analyse verwendet werden. Zudem wären Deckungsbeitragsanalysen oder eine ABC-Analyse denkbar:

H 2012 I: **A4d**, 6 Pt.

- **Produktlebenszyklusanalyse:** Produkte am Ende eines Zyklus in der Sättigungs- oder Degenerationsphase könnten eliminiert werden, sofern kein Relaunch Erfolg verspricht.
- **Portfolio-Analyse:** Insbesondere Poor dogs stehen mit ihren geringen Erfolgsaussichten zur Eliminierung frei. Zudem könnten auch abgelehnte Fragezeichen ausgesondert werden.

- **ABC-Analyse**: Eine auf die Absatzprodukte angewandte ABC-Analyse könnte zur Aussonderung von C-Artikeln führen.
- **Deckungsbeitragsanalyse:** Produkte die im Rahmen einer möglichst mehrstufigen Deckungsbeitragsanalyse negative Deckungsbeiträge erwirtschaften, stehen ggf. zum Abschuss frei.

Zu den möglichen **Kriterien bei der Selektion** könnten zählen:

- **Umsätze,** Umsatzanteile an den Gesamtumsätzen
- **Marktanteile** absolut in € oder relativ im Verhältnis zu den stärksten Konkurrenten
- **Deckungsbeiträge** absolut in € oder relativ in Bezug auf Umsätze oder Fertigungsengpässe
- **Lagerumschlagshäufigkeiten**

Zum Schluss muss geprüft werden, ob die ausgewählten Produkte überhaupt eliminiert werden können. Folgende Gründe sprechen gegen eine Elimination bestimmter Produkte:

- **Sortimentsnotwendigkeit**: Die Eliminierung bestimmter Produkte reduziert auch den Verkauf verbundener Produkte.
- **Imageschaden**: Das Image kann nachhaltig geschädigt werden, wenn bestimmte Produkte aus dem Sortiment verbannt werden.
- **Nachkaufgarantien**: Sofern dem Kunden versprochen wurde, dass er jederzeit zur Ergänzung nachkaufen könne, ist es nicht ratsam, die Produkte zu eliminieren (bspw. bei Geschirr & Besteck).
- **Fixkostenproblematik**: Zumindest kurzfristig lassen sich bestimmte Fixkosten nicht abbauen, weshalb diese die Erfolgszahlen der anderen Produkte reduzieren.
- **Bestellkostenproblem**: Da Vorprodukte nun in ggf. geringeren Mengen bezogen werden, steigen deren Bezugskosten pro Einheit.

2

2.2.3 Servicepolitik

Ein wesentlicher Aspekt der Produktpolitik ist die Servicepolitik. Diese Zusatzleistungen sind bisweilen wichtig, um Neukunden zu gewinnen oder bestehende Kunden halten zu können. Es wird unterschieden zwischen Serviceleistungen:

H 2009 I: A6a, 4 Pt.

- vor der Nutzung: Beratung, Planung (bspw. Küchen)
- während des Nutzungszeitraums: Wartung, Hotline etc.
- nach dem Ende der Nutzung: bspw. Entsorgung

Es gibt zahlreiche Gründe und damit auch Vorteile, eine **kundenorientierte Servicepolitik** zu betreiben:

- Neukundengewinnung, Bestandskunden halten
- Imagesteigerung
- die Kunden wünschen verstärkt Problemlösungen und nicht nur Produkte
- zunehmendem Wettbewerbsdruck kann durch bessere Serviceleistungen begegnet werden bzw. Schaffung von Wettbewerbsvorteilen gegenüber der Konkurrenz

Serviceangebote

H 2009 I: A6b, 4 Pt.
F 2010 I: A3b, 3 Pt.
H 2010 I: A6a-b, 7 Pt.
F 2015 I: A2b, 3 Pt.
H 2015 I: A6a, 4 Pt.

Zu den Serviceangeboten zählen:

- **Garantie**: Neben der gesetzlich vorgeschriebenen **Gewährleistung** kann der Unternehmer eine freiwillige Garantie anbieten.
- **Hotline** (Telefon/Internetchat): persönlicher Ansprechpartner für Kundenfragen.
- **Kundendienst**: Ein eigener Kundendienst (oder von Subunternehmen) löst Probleme beim Kunden vor Ort.
- **Ersatzteillieferungen**: Möglichst zeitnahe Ersatzteillieferungen machen das Produkt nicht nur für gewerbliche Kunden wesentlich attraktiver.
- **Schulungen**: Die Mitarbeiter der Kunden werden an den Geräten durch unsere Schulungsabteilung oder durch von uns beauftragte Bildungsträger geschult.
- **Wartungsarbeiten**: Zusicherung freiwilliger zusätzlicher kostenfreier Wartungsarbeiten.
- **Lieferungen zur Probe**: Der Endverbraucher kann die Ware vor dem endgültigen Kauf ausprobieren.
- **Hilfe bei der Warenpräsentation**: Dem Handel werden Vorschläge zur besseren Präsentation der Waren (bspw. Schaufenster) gegeben.

Grundsätzlich muss hier danach unterschieden werden, ob es um Serviceangebote für den Handel oder für Endverbraucher geht.

Zu den **Entscheidungskriterien** bei der Auswahl und Implementierung (= Umsetzung) der Serviceangebote zählen bspw. Kosten, Qualität, Zeitumfang, Mengen und Region.

2.3 Preispolitik

F 2009 I: A7a, 4 Pt.
H 2010 I: A5a-b, 8 Pt.
H 2013 I: A6a-b, 7 Pt.
H 2015 I: A5a-b, 6 Pt.
H 2017 I: A6, 8 Pt.

Ziel der Preispolitik (**Kontrahierungspolitik**) ist die angemessene Preisgestaltung. Hierzu zählen neben den eigentlichen Preisen auch sonstige Konditionen wie bspw. Rabatte, Skonti und Konsumentenkredite. Die Preisgestaltung hängt u. a. von den Kosten, der Konkurrenz, der Nachfrage, Trends usw. ab:

- **kostenorientierte Preisgestaltung** (Kap. 2.3.1): Die Preise orientieren sich an den hierfür notwendigen Kosten.
- **konkurrenzorientierte Preisgestaltung** (Kap. 2.3.2): Die Höhe der Preise wird an der Preisgestaltung der Konkurrenz ausgerichtet.
- **nachfrageorientierte Preisgestaltung** (Kap. 2.3.3): Die Preise werden an der vorhandenen Nachfrage der Konsumenten ausgerichtet.

Zudem können für das gleiche Produkt verschiedene Preise veranschlagt werden (**Preisdifferenzierung/-variation:** Kap. 2.3.4/5). Zum Abschluss werden die sonstigen **Konditionen** (Kap. 2.3.6) besprochen. Zuvor betrachten wir einige grundsätzliche **preispolitische Strategien**:

A.	Strategien der Preispositionierung (= statische Preisstrategien)	
	beziehen sich auf die Höhe des Preises	
1.	**Hochpreisstrategie** (dauerhaft: **Premiumpreisstrategie**, vorübergehend: **Abschöpfungsstrategie**)	Einen besonders hohen Preis können bspw. Premiummarken setzen (bspw. BMW).
2.	**Mittelpreisstrategie**	Ein mittleres Preisniveau bei Standardqualität und -service (bspw. VW).
3.	**Niedrigpreisstrategie** (dauerhaft: **Promotionspreisstrategie**, vorübergehend: **Penetrationsstrategie**)	Um einen Massenmarkt bedienen zu können, müssen meist niedrige Preise gewählt werden (bspw. Seat). Nachteilig: Könnte Preiskampf auslösen und Kunden erwarten zukünftig immer niedrige Preise.

B.	Strategien der Preisabfolge (= dynamische Preisstrategien)	
	beziehen sich auf die Position im Lebenszyklus	
4.	**Penetrationsstrategie** (**Marktdurchdringungsstrategie** bei Newcomern)	Einführungsphase durch niedrige Preise. Schrittweise können in der Wachstumsphase die Preise erhöht werden. Durch die anfänglich niedrigen Preise werden Wettbewerber ferngehalten. Voraussetzungen: Image, Qualität oder Exklusivität.
5.	**Skimmingstrategie** (**Abschöpfungsstrategie** bei innovativen Produkten)	Es wird versucht durch hohe Preise in der Einführungsphase einen möglichst großen Gewinn zu Beginn abzuschöpfen – bis entsprechend Konkurrenten auf den Markt kommen. Voraussetzungen: Massenmarkt, Stückkostendegression.

C.	Strategien des Preiswettbewerbs (Konkurrenzstrategien)	
	beziehen sich auf das Verhalten gegenüber der Konkurrenz	
6.	**Preisführerschaft**	Durch die Qualität, das Image, Service oder Innovationskraft kann eine Vorreiterrolle bei der Preisgestaltung gespielt werden, an der sich die Konkurrenten orientieren.
7.	**Preiskampf**	Hier wird versucht, durch Preisunterbietungen gegenüber Konkurrenten Marktanteile zu gewinnen (bspw. bei Discountern).
8.	**Preisfolgerschaft**	Hier orientiert man sich an der Preisgestaltung der Konkurrenz.

2.3.1 Kostenorientierte Preisgestaltung

F 2010 I: A2a-b, 4 Pt.

- Die **Vollkostenrechnung** rechnet zur Bestimmung der Preisuntergrenze sämtliche Kosten (Einzel- und Gemeinkosten) in die Preise ein. Die resultierenden Selbstkosten stellen die langfristige Preisuntergrenze dar.
- In der **Teilkostenrechnung** werden nur die entscheidungsrelevanten Kosten betrachtet. In der Deckungsbeitragsrechnung sind das die variablen Stückkosten, die dabei als kurzfristige Preisuntergrenze gelten (auch absolute Preisuntergrenze genannt).

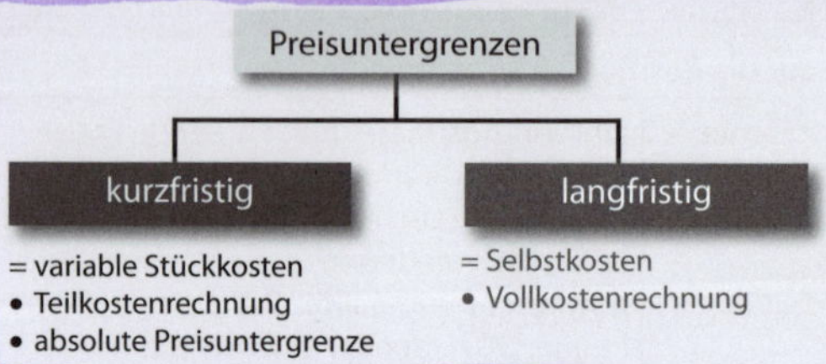

Da beide Ansätze nicht in jeder Situation überzeugen können, gibt es auch andere Ansätze, wie bspw. die **Prozesskostenrechnung**, die jedoch auch eigene Probleme haben. Die perfekte Lösung gibt es nicht, da grundsätzlich die folgenden Probleme niemals perfekt gelöst werden: (1) Problematik der Einzel- und Gemeinkosten. (2) Problematik der Fixkosten vs. variable Kosten

Zu den grundsätzlichen **Vorteilen** der kostenorientierten Preisgestaltung zählen:

- Die Preise können kostendeckend gestaltet werden.
- Es kann eine differenzierte Preisgestaltung vorgenommen werden.
- Immer dann sinnvoll, wenn es für individuelle Produkte keine vergleichbaren Marktpreise gibt.

Zu den **Nachteilen** zählen:

- Es ist aufgrund der oben genannten Probleme schwierig, die korrekten Kosten zu ermitteln.
- Sofern die Kosten annähernd korrekt bestimmt werden können, kann es jedoch trotzdem sein, dass die Konkurrenz wesentlich günstiger ist oder die Nachfrager grundsätzlich nicht bereit sind, diese Preise zu bezahlen.

2.3.2 Konkurrenzorientierte Preisgestaltung

F 2010 I: A2a-b, 4 Pt.
F 2015 I: A2c, 3 Pt.

Alternativ können die Preise an der Konkurrenz ausgerichtet werden. Hier bieten sich drei grundlegende Strategien an:

- **Preiskampf**: Es kann versucht werden, die Preise der Konkurrenten zu unterbieten, um diese vom Markt zu verdrängen.
- **Preisabsprachen**: Es werden gemeinsame Preise festgelegt.
- **Parallelverhalten**: Bei dieser wirtschaftsfriedlichen Koexistenz werden bspw. aus Kosten- oder Nachfragegründen grundsätzlich ähnliche Preise veranschlagt, ohne dass dies auf einer Absprache beruht.

Zu den **Vorteilen** der konkurrenzorientierten Preisgestaltung zählen:

- Man orientiert sich an der Konkurrenz (ob Preiskampf, Absprache oder Parallelverhalten) und hat dabei die Konkurrenz besser im Blick.
- Es werden nicht marktunübliche Preise verlangt und somit können Kunden gehalten oder gar gewonnen werden.

Zu den **Nachteilen** der konkurrenzorientierten Preisgestaltung zählen:

- Es wäre denkbar, dass die Konkurrenz aufgrund geringerer Kosten mit geringeren Preisen gut leben kann und wir daher bei einer Orientierung an deren Preisen zugrunde gehen. In diesem Fall müssten die Kosten gesenkt oder ein höherer Preis durch bspw. eine bessere Qualität gerechtfertigt werden.
- Sofern man sich allzu sehr an den Preisen der Konkurrenz orientiert, erfolgt evtl. aus Sicht des Kunden keine klare Abgrenzung gegenüber der Konkurrenz.
- Die Gewinne/Renditen können gering ausfallen.
- Nicht durchführbar, sofern es keine vergleichbaren Konkurrenzprodukte gibt.

2

2.3.3 Nachfrageorientierte Preisgestaltung

Die nachfrageorientierte Preisgestaltung orientiert sich an Konsumenten und deren Kaufkraft und Kaufwillen. Hierfür ist eine möglichst realitätsnahe **Marktforschung** erforderlich, die uns die Kundenwünsche offenbart.

Als **Vorteil** kann die Ausrichtung an den Kundenvorstellungen angebracht werden. **Nachteilig** ist dabei die evtl. nicht vorhandene Kostendeckung. Sowohl eine nachfrageorientierte als auch konkurrenzorientierte Preisgestaltung erfordern häufig eine **Mischkalkulation**. Sofern für bestimmte Produkte aus Konkurrenz- oder Nachfragegründen keine kostendeckenden Preise durchgesetzt werden können, muss dies durch entsprechend höhere Preise bei anderen Produkten ausgeglichen werden. Dies ist sowohl bei der Industrie als auch im Handel sehr gebräuchlich. Dabei werden häufig Zubehör oder Service übermäßig teuer angeboten.

2.3.4 Preisdifferenzierung

H 2013 I: A6c, 4 Pt.

Im Fach Volkswirtschaftslehre lernten wir den Begriff **Konsumentenrente** kennen. Dieser steht für die Kaufbereitschaft der unterschiedlichen Kunden.

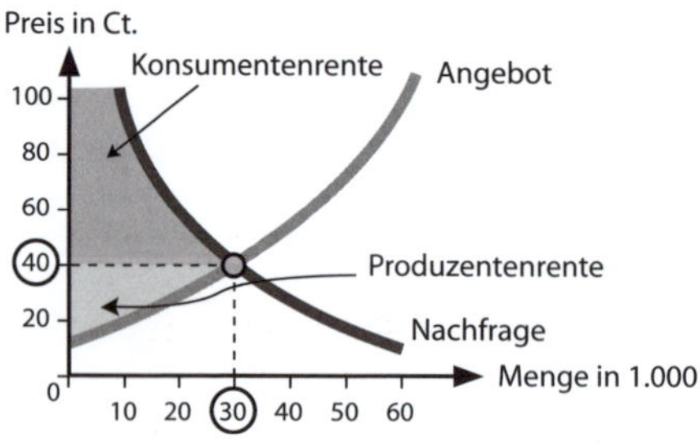

So gibt es immer Kunden, die auch bereit wären, einen höheren Preis zu bezahlen. Bei einem einheitlichen Marktpreis ersparen sich diese Kunden den höheren Preis – sie erzielen eine Konsumentenrente.

Das **Ziel der Preisdifferenzierung** (bzw. Preisdiskriminierung) ist nun die **Abschöpfung dieser Konsumentenrente.** Zu diesem Zweck werden für das gleiche Produkt unterschiedliche Preise verlangt. Es muss jedoch gegenüber dem Kunden eine halbwegs sinnvolle Begründung für diese Diskriminierung gegeben werden. **Voraussetzungen:** (1) geringe Markttransparenz, (2) Durchsetzbarkeit, (3) unterscheidbare Kundengruppen. Dabei werden die folgenden **Strategien der Preisdifferenzierung** unterschieden:

- **mengenbezogene Preisdifferenzierung:** Wer entsprechend größere Mengen kauft, erhält Mengenrabatt und zahlt pro Einheit weniger.
- **räumliche Preisdifferenzierung:** Die Preise unterscheiden sich in den verschiedenen Staaten, Regionen und Städten oder zwischen Stadt und Land (bspw. bei Wohnungsmieten).
- **zeitliche Preisdifferenzierung:** Hier werden je nach Tageszeit (bspw. Benzin an Tankstellen, Cocktails in Bars), Wochentag (bspw. Kino-Eintrittskarten) oder Jahreszeiten (bspw. Haupt-/Nebensaison in Hotels und Restaurants) unterschiedliche Preise angesetzt.
- **personelle Preisdifferenzierung:** Bestimmte Personengruppen erhalten unterschiedliche Preise (bspw. Geschäftskunden vs. Privatkunden, Schüler/Studenten/Rentner vs. gewöhnliche Kunden, Mitglieder eines Klubs vs. Außenstehende).
- **leistungsbezogene Preisdifferenzierung:** Sofern das Produkt durch geringe Abweichungen abgewandelt wird, können ebenfalls unterschiedliche Preise angesetzt werden (bspw. Taschenbücher vs. gebundene Ausgaben, 1. und 2. Klasse der Deutschen Bahn).
- **Preisbündelung:** Wenn Produkte nur oder auch zusammen mit anderen Produkten gebündelt werden, können auch unterschiedliche Preise angesetzt werden (bspw. Mobilfunkverträge).

Der ideale Zustand wäre für Unternehmen natürlich dann erreicht, wenn jeder Kunde genau den Preis bezahlen würde, der exakt seiner Zahlungsbereitschaft entspricht und somit die gesamte Konsumentenrente abgeschöpft würde. Dies bedürfte eines »gläsernen Kunden«.

2

2.3.5 Preisvariation

H 2010 I: A5c-d, 4 Pt.

Die Preisvariation ist eng mit der Preisdifferenzierung verwandt. Sie zielt weniger auf die Abschöpfung der Konsumentenrente. Vielmehr möchte sie aufgrund kurzfristiger Veränderungen der Preise möglichst hohe Gewinne erzielen. Es werden zwei Formen von **Preisnachlässen** unterschieden:

- Bei einem **direkten Preisnachlass** wird der Verkaufspreis reduziert.
- Sofern es stattdessen beim gleichen Preis sonstige Vergünstigungen gibt (bspw. zusätzliche Leistungen, Zugaben, mehr Service, längere Garantiezeiten), spricht man von **indirekten Preisnachlässen.**
- Zu den **Vorteilen der indirekten Preisnachlässe** zählen: (1) Spätere Rücknahmen der Preisnachlässe sind einfacher als direkte Preiserhöhungen. (2) Der Preis wird weniger transparent, wodurch Änderungen ebenfalls leichter durchsetzbar sind. (3) Die Zusatzleistungen werden ggf. als wertvoller eingeschätzt als sie tatsächlich sind.
- Zu den **Gefahren von direkten und indirekten Preissenkungen** zählen: (1) Preissenkungen lassen sich nur schwer wieder zurücknehmen, (2) Konkurrenten könnten Preissenkungen nachahmen und damit einen Preiskampf fortführen und (3) die Qualität der Produkte wird aufgrund der Preissenkungen geringer eingeschätzt.

2.3.6 Konditionenpolitik

F 2009 I: A7b, 8 Pt.
H 2015 I: A5c, 2 Pt.

Neben der eigentlichen Preisgestaltung gehören zur Preispolitik/Kontrahierungspolitik auch verschiedene Elemente der Konditionenpolitik:

- **Mengenrabatte**: Bei Abnahme größerer Mengen werden Mengenrabatte gewährt.
- **Zeitrabatte**: Bei entsprechender frühzeitiger Bestellung gibt es entsprechende Rabatte (bspw. bei der Deutschen Bahn).

- **Lieferbedingungen**: Versandkosten, Liefertermine, Umtauschregelungen, Gefahrenübergang.
- **Zahlungsbedingungen**: Skonto (Ziel: Liquidität, Kundenbindung), Zahlungsfristen, Zahlungsweise (bar, Überweisung etc.).
- **Kreditpolitik**: Ratenzahlung, Leasing etc. um die Nachfrage anzuregen.

2.4 Distributionspolitik

H 2010 II: A11a, 4 Pt.

Die Distributionspolitik beschäftigt sich mit dem konkreten Absatz der Güter. Eine wichtige Unterscheidung ist hinsichtlich der Absatzwege zu treffen. Dabei wird zwischen direkten und indirekten Absatzwegen unterschieden:

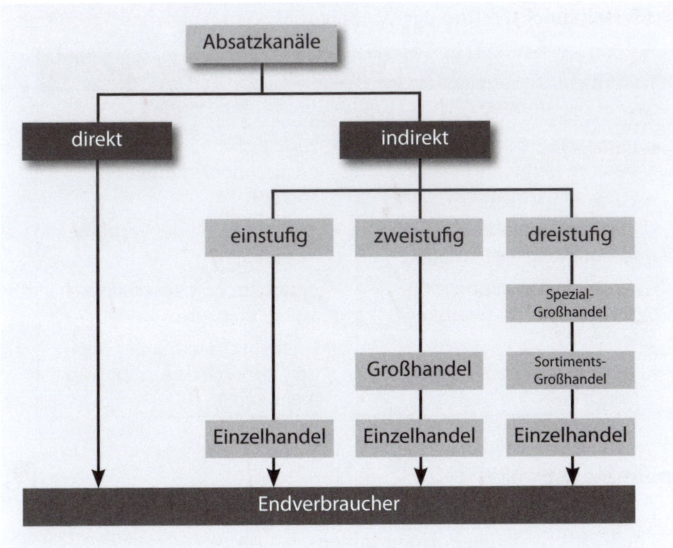

Bei **direktem Absatz** verkauft der Hersteller seine Güter direkt an den Endverbraucher. Beim **indirekten Absatz** werden verschiedene Zwischenstufen (insbesondere der Handel) eingeschaltet.

Direkter Absatz

H 2010 II: A11b, 2 Pt.
H 2011 II: A10a, 4 Pt.
F 2013 II: A10a-b, 6 Pt.

Im Rahmen des direkten Absatzes können wiederum verschiedene Formen unterschieden werden:

- **Werksverkauf**: Der Hersteller verkauft seine Waren direkt ab Werk in speziell hierfür eingerichteten Verkaufsräumen.
- **Vertriebsmitarbeiter (Handelsreisender)**: Außendienstmitarbeiter verkaufen die Waren an die Kunden vor Ort.
- **Versandhandel**: Die Waren werden über den traditionellen Versandhandel vertrieben.
- **Internethandel**: Die Waren werden direkt über eine Online-Plattform vertrieben.
- **Messehandel**: Verkauf der Waren auf Messen.

direkter Absatz	
Vorteile	**Nachteile**
• durch die Ausschaltung des Handels geringere Kosten (Wegfall der Handelsspanne) • direkter Kontakt zu Kunden fördert Kundenbindung • direkte Informationen von Kunden können gesammelt werden • keine Abhängigkeit vom Handel	• zusätzliche Vertriebskosten (insbesondere höhere Fixkosten) • die Reichweite des Vertriebes ist geringer • geringere Verkaufserfahrung als der etablierte Handel • Sortimentsbildung des Handels fördert den Absatz, was hier entfällt

Indirekter Absatz

H 2010 II: A11b, 2 Pt.

Zu den verschiedenen Formen zählen:

- **Einzelhandel und Großhandel**: Traditionell kauft der Handel die Waren an und verkauft sie selbstständig in eigenem Namen und auf eigene Rechnung.

- **Vertragshändler**: Hier handelt es sich um rechtlich selbstständige Unternehmen, die jedoch per Vertrag eng an den Hersteller gebunden sind (bspw. Automobil-Vertragshändler).
- **Franchisenehmer**: Sie betreiben selbstständig und auf eigenes Risiko ein Unternehmen, dessen Konzept und Marketingstrategie vom Franchisegeber angekauft wird. Somit sind sie wirtschaftlich sehr abhängig.

Franchising aus Sicht des Franchisegebers	
Vorteile	**Nachteile**
• schnellere Expansion möglich • einheitlicher Marktauftritt • geringerer Kapitalbedarf	• Kontrollen notwendig • ggf. Imageschaden • Abhängigkeit

Franchising aus Sicht des Franchisenehmers	
Vorteile	**Nachteile**
• Imageübernahme • kein komplettes Geschäftskonzept erforderlich • schnell umsetzbar	• Abhängigkeit • geringere Flexibilität • Imageschaden durch Fehler anderer

- **Kommissionäre**: Diese handeln in eigenem Namen auf fremde Rechnung.
- **Handelsvertreter**: Diese vermitteln Vertragsabschlüsse auf fremden Namen und fremder Rechnung.

Akquisitorische & physische Distribution

- Bei der **akquisitorischen Distribution** geht es um die Absatzwege und Vertriebssysteme, also wie Kunden gewonnen werden.

F 2017 II: A10a-b, 9 Pt.

- Die **physische Distribution** (Absatzlogistik) beschäftigt sich mit dem wirklichen Warentransport zum Kunden und ist damit Teil der Logistik.

2

Handelsreisender vs. Handelsvertreter

F 2010 I: A12a-b, 7 Pt.
F 2013 I: A5c, 3 Pt.
H 2015 I: A6b, 4 Pt.
F 2016 II: A5c-d, 9 Pt.

In Prüfungen wird gerne der Unterschied zwischen Handelsreisenden u. Handelsvertretern abgefragt:

Kriterium	Handelsreisender	Handelsvertreter
Stellung zum Hersteller	intern: angestellter Mitarbeiter	extern: selbstständiger Unternehmer
Arbeitsrecht	als Angestellter mit allen Rechten & Pflichten eines Arbeitsvertrags gebunden	selbstständig und daher keine arbeitsrechtliche Basis, Vertragsauflösung ist einfacher
Spezialisierung	verkauft nur die Produkte des Herstellers und daher loyaler	verkauft Produkte verschiedener Hersteller, bessere Marktkenntnisse
Weisungsgebundenheit	ist weisungsgebunden	als Selbstständiger nicht weisungsgebunden
Motivation	für gewöhnlich geringer	höher, Ausnahme bei Umsatzflauten
Entlohnung	fixes Gehalt (hohe Fixkosten) + Umsatzprovision	lediglich (höhere) Umsatzprovision (hohe variable Kosten)
Kosten: Vor-/Nachteile	Vorteil bei hohen Umsätzen, da geringe Provision. Nachteil bei geringen Umsätzen, da trotzdem das Fixum zu bezahlen ist.	Vorteil bei geringen Umsätzen, da kein Fixum zu zahlen ist. Nachteil bei hohen Umsätzen, da eine hohe Provision anfällt.
Mögliche Konflikte	• allgemeine Konkurrenzsituation • Fokus auf Großkunden bei Handelsvertretern • unterschiedliche Provisionssätze • Rosinenpicken bei den Produkten • geringere Loyalität bei Handelsvertretern • Know-how-Abfluss bei Handelsvertretern	

Fallbeispiel Handelsreisender/-vertreter

F 2013 I: A5a-b, 3 Pt.
F 2016 II: A5a-b, 5 Pt.

Angaben:

- Handelsreisender: Gehalt = 3.000 €/Monat, 3 % Umsatzprov.
- Handelsvertreter: 5,5 % Umsatzprovision
- erwarteter durchschnittlicher Umsatz pro Monat = 100 T€

Aufgaben:

a) Berechnen Sie für beide die monatlichen Kosten.

b) Ermitteln Sie den monatlichen Umsatz, bei dem die Kosten gleich groß sind.

Lösungen:

a) Handelsreisender = 3.000 € + 0,03 × 100.000 € = 6.000 €

Handelsvertreter = 0,055 × 100.000 € = 5.500 €

Folglich ist der Handelsvertreter in diesem Fall günstiger!

b) 3.000 € + 0,03 × U = 0,055 × U

↔ 3.000 € = 0,055 × U – 0,03 × U

↔ 0,025 × U = 3.000 €

↔ U = 120.000 €

Folglich sind die Kosten bei 120.000 € gleich!

3.000 + 0,03X = 0,055X
3000 = 0,025X
X = 120.000

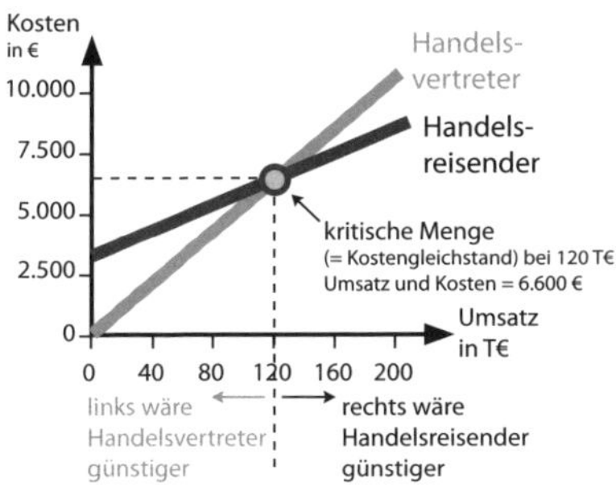

2

2.5 Kommunikationspolitik

Ziel der Kommunikationspolitik

F 2011 I: A7a, 2 Pt.
H 2016 I: A7a, 6 Pt.

Die Kommunikationspolitik beschäftigt sich mit dem Auftritt des Unternehmens nach außen. Dabei werden sehr unterschiedliche Mittel eingesetzt: Neben der klassischen Werbung oder Öffentlichkeitsarbeit sind auch Formen der Verkaufsförderung denkbar.

Ziel ist allgemein das Unternehmen nach außen so zu präsentieren, dass die allgemeinen Unternehmensziele (Umsatz, Gewinn) erreicht werden.

Image ist das subjektive Bild, das sich in der Öffentlichkeit und bei den Kunden vom Unternehmen und dessen Produkten bildet. Es prägt das Kaufverhalten der Kunden und wirkt langfristig. Ein gutes Image rechtfertigt eher höhere Preise und steigert daher die Rendite.

2.5.1 Werbung

Es dürfte klar sein, dass die Form der Werbung sehr stark davon abhängt, um welchen Bereich des Marketings es sich handelt.

Werbung im Konsum-/Investitionsgütermarketing

F 2010 I: A3a, 4 Pt.
F 2017 I: A4a, 9 Pt.
F 2018 I: A8, 3 Pt.

Zu den möglichen Instrumenten der Werbung können gerechnet werden:

- Inserate in Publikums-/Fachzeitschriften
- Infostände auf Besucher-/Fachmessen, interne Messen für das Fachpublikum
- Anschreiben/E-Mail an Bestandskunden/Newsletter
- Kino, Radio & Fernsehen nur im Konsumgütermarketing
- Internetwerbung (Webseite, Links etc.)

Werbegrundsätze

Zu den Grundsätzen der Werbung (sollten) zählen: H 2011 I: A5a, 4 Pt.

- **Klarheit**: Werbung sollte klar und verständlich sein, nur so kann ihre Aussage überzeugen und zum Kauf anregen.
- **Wahrheit**: Langfristiger Erfolg basiert auf Vertrauen der Kunden, und dieses kann nur durch wahre Werbeaussagen erreicht werden.
- **Wirksamkeit**: Werbung muss zum dauerhaften Kauf anregen. Daher muss sie einprägsam, von anderen Unternehmen abhebend, mit einem Erinnerungswert und stetig wiederholend sein.
- **Wirtschaftlichkeit**: Die Kosten der Werbekampagnen müssen im angemessenen Verhältnis zum Werbeerfolg liegen (ökonomisches Prinzip).
- **soziale und ökologische Verantwortung**: In zunehmendem Maße muss die Werbung der gesellschaftlichen Verankerung des Unternehmens Rechnung tragen, um dauerhaft glaubwürdig zu bleiben.

Werbeplanung

H 2009 I: A7a, 6 Pt.
H 2012 I: A4c, 6 Pt.
H 2016 I: A7b, 4 Pt.

Eine erfolgreiche Werbekampagne muss zuvor ordentlich geplant werden. Externe Dienstleister (bspw. Marktforschungsinstitute, Unternehmensberater) und interne Stellen/Abteilungen (bspw. Produkt-, Key-Account-Manager) können hierbei dienen. Zu den wesentlichen Elementen eines Werbeplans zählen:

- **Werbeziel**: Produkteinführung, Gewinnung neuer Kunden, Umsatzsteigerung, Erhaltung des Kundenstamms usw.
- **Werbeobjekt**: ein Produkt, eine Produktgruppe oder das gesamte Sortiment.
- **Zielgruppe** bzw. **Streukreis**: Großhändler, Einzelhändler, Endverbraucher, Singlehaushalte, Familien.

- **Werbebotschaft/-inhalt**: Welche Aussage soll verbreitet werden? Ist das Produkt gesund, modisch, innovativ usw.?
- **Werbeträger**: Zeitung, Zeitschriften, Internet, Fernsehen, Radio, Litfaßsäulen usw. **Werbemittel**: Inserate, Weblinks, Fernsehspots, Plakate usw.
- **Werbegebiet**: Europa, Deutschland, Bayern, Regierungsbezirk Schwaben, Landkreis Oberallgäu, Marktgemeinde Oberstdorf usw.
- **Werbezeit**: Zeitraum der Werbung sowie Tageszeiten.
- **Werbeetat**: in Abhängigkeit vom Produktlebenszyklus

Werbeträger vs. Werbemittel

F 2011 I: A7b-c, 8 Pt.
F 2018 I: A7a, 6 Pt.

Die jeweiligen Medien zur Vermittlung der Werbebotschaften werden als Werbeträger bezeichnet. Die darin genutzte Form der Darstellung nennt man Werbemittel.

Werbeträger	Werbemittel
Zeitung, (Fach-) Zeitschriften	Inserate, Anzeigen
Fernsehen, Radio, Kino	Fernseh-, Radio-, Kinospots
Plakatwände, Litfaßsäulen	Plakate
Internet	Weblinks, Anzeigen
Verkaufsverpackungen	Werbeaufdruck
Fahrzeuge (Busse, Bahn ...)	Werbebeschriftungen
Gebäude	Werbebeschriftungen
Verkaufswerbung am Point of Sale	Display, Plakate, Poster, Visitenkarten, Verkaufsgespräche

Der Einsatz der Werbeträger und -mittel ist stark vom jeweiligen Produkt und vom Markt abhängig. Insbesondere die Kosten und der Streukreis der Werbung sind zu berücksichtigen. So sind bspw. Fernsehspots sehr teuer, sprechen viele Menschen an, haben aber eine breite Streuung.

Zudem ist von Bedeutung, inwiefern der mögliche Kunde die Werbung wahrnehmen kann oder eher ignorieren wird (so besteht bei Fernsehwerbung die Gefahr des »wegzappens«).

Zum **Vergleich verschiedener Werbeträger** kann bspw. ein **Tausend-Kontakt-Preis** berechnet werden:

■	Ziel: Berechnung des Tausend-Kontakt-Preises			Ergebnis
Nr.	Werbeträger	Nettoreichweite	Gesamtpreis	Tausend-Kontakt-Preis
1	Fachzeitschrift	50.000	10.000	200 €
2	Kino	150.000	24.000	160 €
3	Radio	200.000	50.000	250 €
4	Tageszeitung	100.000	18.000	180 €
5	Werbebroschüren	80.000	12.000	150 €

Folgende Begriffe sind hierbei von Bedeutung:

- **Bruttoreichweite**: Sie misst die Anzahl der Kontakte auch bei mehreren Ausgaben. Somit erhält man Doppelzählungen, wenn eine Person doppelt oder mehrfach erreicht wird.
- **Nettoreichweite**: Sie misst die tatsächliche Anzahl verschiedener Personen, die erreicht wurden. Somit ist diese Größe die relevante Entscheidungsgröße.
- Der **Tausend-Kontakt-Preis** ermittelt sich durch eine Division des Gesamtpreises mit der Nettoreichweite und anschließender Multiplikation mit 1.000.
- In unserem Fall liegen Werbebroschüren vorne, da sie das günstigste Ergebnis liefern. Trotzdem könnten bspw. Fachzeitschriften **vorzuziehen** sein, wenn hier a) ein kleinerer Streuverlust erzielt wird, b) eher die gewünschten Zielgruppen erreicht werden oder c) eine bessere Orientierung am Image des Unternehmens erfolgt.

2

Ausbildungsmarketing

F 2017 I: A10a-b, 13 Pt.

In zunehmendem Maße haben Ausbildungsbetriebe Probleme, geeignete Auszubildende zu finden. Daher müssen Unternehmen ein angemessenes Ausbildungsmarketing betreiben.

Zu den **Zielen des Ausbildungsmarketings** zählen:

- Imagesteigerung als geeigneter Ausbildungsbetrieb
- Erhöhung des Bekanntheitsgrades als Ausbildungsbetrieb
- Darstellung der Vorteile gegenüber Mitbewerbern in der Ausbildung
- als finales Ziel gilt dann die Heranbildung geeigneter Fachkräfte

Als **Maßnahmen des Ausbildungsmarketings** gelten bspw.:

- direkte Ansprache von Jugendlichen in Schulen und Vereinen
- Stellenanzeigen in der regionalen Presse, im Kino
- Internetanzeigen
- betriebsinterne Stellenanzeigen am Schwarzen Brett
- Tag der offenen Tür und Ausbildungstag
- Präsentation auf regionalen Ausbildungsmessen/Fachmessen
- betriebliche Praktika anbieten und interessant durchführen

2.5.2 Verkaufsförderung

F 2012 I: A6b, 5 Pt.
F 2014 I: A5a-b, 6 Pt.
F 2018 I: A8, 3 Pt.

Als verkaufsfördernde Maßnahmen gelten alle die Werbung unterstützenden Maßnahmen zur Steigerung des Absatzes. Hierzu zählen bspw.:

- **Produktvorführungen**: Prototypen, Probierportionen in Supermärkten, spezielle Sonderverpackungen.
- **Messen**: Fachmessen, Frühjahrs-/Herbstmessen.
- **Händlerpromotion**: Werbematerialien für den Handel, Verkaufsschulungen der Handelsmitarbeiter, Sonderrabatte.
- **Außendienstpromotion**: Handelsreisende, Handelsvertreter, Kommissionäre schulen, unterstützen etc.

2.5.3 Public Relations

H 2010 I: A6c-d, 5 Pt.

Die Öffentlichkeitsarbeit (Public Relations) beschäftigt sich mit dem Aufbau und der Pflege der Beziehungen zur Öffentlichkeit. Dabei geht es um Informationen für die Öffentlichkeit und um einen Dialog mit dieser. Ziel ist dabei der Aufbau von Verständnis und Vertrauen, was den Unternehmenserfolg nachhaltig fördert. Zu bedenken ist jedoch, dass dies ein langwieriger Prozess ist und durch einzelne Skandale ruiniert werden kann.

Grundsätzlich muss dabei zwischen internen (Mitarbeiter und deren Familienangehörige) und externen Zielgruppen (Öffentlichkeit, Presse, Politiker, Verbände, Behörden, Kunden, Lieferanten, Banken, Aktionäre) unterschieden werden.

Zu den **Maßnahmen des Public Relations** zählen:

- **Pressearbeit**: Pressekonferenzen/-mitteilungen, Infobroschüren, Geschäftsberichte.

- **persönlicher Dialog**: Pflege der Beziehungen zu Journalisten, Politkern, Verbänden, Aktivisten usw. (Lobbyarbeit).
- **bestimmte Zielgruppen ansprechen**: Betriebsbesichtigungen für bspw. Schulen, Förderung von Kultur, Ausschreibung von Preisen und Stiftungen.
- **Inserate**: Anzeigen zur Einstellung zur Umwelt etc.
- **Tag der offenen Tür** für Mitarbeiter und die Allgemeinheit.

2.5.4 Sponsoring

H 2009 I: A7b, 6 Pt.
H 2015 I: A7a, 8 Pt.
F 2018 I: A8, 3 Pt.

Sponsoring steht für die Förderung einzelner Personen, bestimmter Organisationen, Vereine, Veranstaltungen oder Aktionen im Bereich des Sports, der Kultur oder der Ökologie durch finanzielle Zuwendungen oder aber auch durch Sachleistungen. Man spricht hier gerne von einer Win-win-Situation für beide Seiten: Der Gesponsorte erhält (finanzielle) Zuwendungen und der Sponsor kann dafür sein Image verbessern bzw. eine alternative, weniger direkte und aufdringliche Form der Werbung betreiben.

Zu den Vor- und Nachteilen bzw. Chancen/Risiken aus Sicht des Sponsors vgl. die folgende Tabelle:

Sponsoring	
Vorteile/Chancen	**Nachteile/Risiken**
• Imagesteigerung • Bekanntheitsgrad steigt • neue Zielgruppen erschließen • größere Medienpräsenz • Zunahme der Kundenzufriedenheit • langfristige Kundenbindung • Mitarbeitermotivation steigt	• hohe Kosten • Erfolgsbeurteilung nur schwer möglich • evtl. wird Sponsor nicht erkannt • bei Misserfolg des Gesponserten evtl. schlecht für das Image • ggf. Schädigung des Rufs bei Fehlverhalten des Gesponserten (bspw. bei Doping)

2.6 Marketing-Mix

Nachdem die einzelnen Bereiche der Instrumente des Marketing-Mix vorgestellt wurden, muss an dieser Stelle nochmals klar hervorgehoben werden, dass das Ziel nicht die Auswahl einzelner Aspekte ist. Vielmehr sollten alle oder zumindest die meisten Aktionsparameter sinnvoll gestaltet werden. Erst das schlüssige **Zusammenwirken** kann einen nachhaltigen Erfolg gewährleisten:

- Eine perfekte Produktpolitik bringt wenig, sofern die Kunden davon nicht im Rahmen der Kommunikationspolitik Kenntnis erlangen.
- Ebenso ist eine durchdachte Preispolitik nicht erfolgreich, sofern die Absatzwege der Distributionspolitik schlecht angelegt werden.

Marketing-Mix für B2B und B2C

Der Marketing-Mix hängt auch davon ab, ob die Kunden Geschäftskunden oder private Endverbraucher sind:

F 2012 I: A5b, 6 Pt.

- **B2B = Business to Business**: Hier handelt es sich um den Verkauf an Geschäftskunden (Investitionsgütermarketing).
- **B2C = Business to Consumer**: Verkauf an Endverbraucher (Konsumgütermarketing).

Instrument	B2C	B2B
Produktpolitik	• Massenmarkt • Innovationen ohne Einbezug des Kunden • keine persönliche Zusammenarbeit	• persönlicher Ansprechpartner • oft persönliche Zusammenarbeit auf Vertrauensbasis
Preispolitik	• Vorgabe der AGB • Preisfestlegung für Kunden • oft einmalige Transaktionen	• Kunden geben ihre AGB vor • Kunde verhandelt Preis • oft langfristige Rahmenverträge
Distributionspolitik	• zumeist indirekter Absatz • Vorratslieferung • keine direkten Ansprechpartner bei uns im Verkauf für den Kunden	• häufig direkter Absatz • oft Just-in-time-Lieferung erwünscht • fester Ansprechpartner im Verkauf
Kommunikationspolitik	• Massenwerbung • keine personalisierte Werbung • Sponsoring fördert Image	• keine Massenwerbung • direkte Ansprache möglicher Kunden • Sponsoring eher nicht

3 Vertriebsmanagement

3.1 Vertriebsorganisation

In diesem Kapitel analysieren wir die optimale Gestaltung der Aufbauorganisation des Vertriebs (vgl. Fach Unternehmensorganisation).

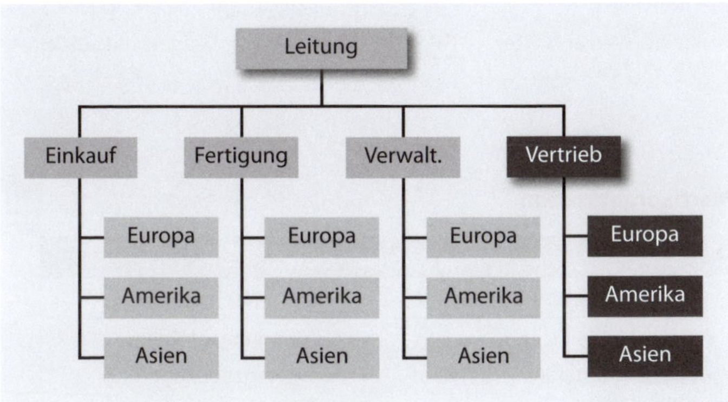

Formen der Vertriebsorganisation

H 2009 II: A2a, 2 Pt.
H 2010 II: A12, 6 Pt.
F 2011 II: A9a-b, 12 Pt.
H 2011 II: A10b, 4 Pt.
H 2012 II: A11a, 6 Pt.
H 2013 II: A10, 5 Pt.
H 2014 II: A10a, 6 Pt.

Zur Auswahl stehen die folgenden Formen:

- Einteilung nach **Produkten/Produktgruppen (produktorientiert):** PKW, LKW usw.
- Eine **Regionalorganisation (gebietsorientiert)** ist räumlich bzw. geografisch gegliedert (bspw. Bayern, Hessen).
- **Funktionsbereiche des Vertriebs (funktionsorientiert):** Gliederung des Vertriebs nach Verrichtungen, die zusammengefasst werden, bspw. Werbung, Vertriebscontrolling, Produktpräsentation in Verkaufsräumen, Außendienst, Service und Auslieferung.
- Es kann nach **Kundengruppen (kundenorientiert)** geordnet werden (bspw. Privat-/Geschäftskunden, Key-Account-Management).

Für eine regionale Einteilung würde das Organigramm für den Vertrieb wie folgt aussehen. Entsprechende Organigramme können für die anderen drei Varianten gestaltet werden.

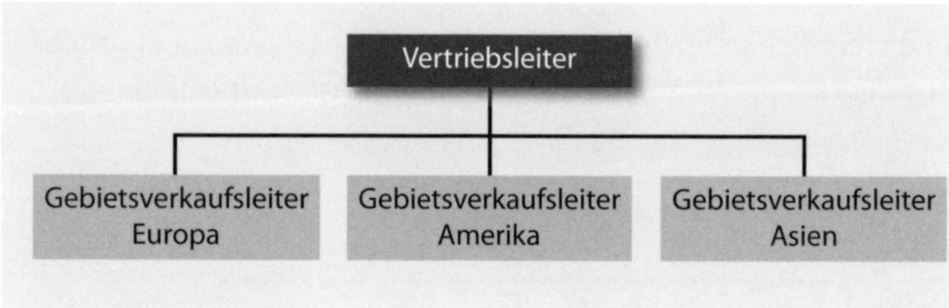

Matrixorganisation

Matrixorganisation	
Vorteile	**Nachteile**
• flachere Hierarchien • kurze Informations- und Kommunikationswege • Spezialisierung der Führungskräfte auf Funktionsbereiche/ Produkte • höhere Kompetenz der Führungskräfte	• Abstimmungsprobleme • Kompetenzüberlagerung • Konflikte • Zeitaufwand der Koordination/ Schlichtung

Stabliniensystem

Zu den Vor- und Nachteilen des **Stabliniensystems** zählen ebenso im Vertriebsbereich:

H 2014 II: A10b, 4 Pt.

- **Vorteile**: Entlastung der Instanzen, Expertenwissen der Stäbe, sorgfältigere Entscheidungsvorbereitung.
- **Nachteile**: inoffizielle Macht der Stäbe, Koordinationsprobleme zwischen Stäben u. Instanzen sowie Stäben/Mitarbeitern, Abstimmungsprobleme, Trägheit der Entscheidungsfindung, Konflikte.

Verkaufsorgane

F 2011 II: A11a-b, 6 Pt.
H 2017 II: A7a, 8 Pt.

- **unternehmenseigene Verkaufsorgane**: Verkauf Außendienst, Innendienst, Verkaufs- und Geschäftsleitung.
- **unternehmensfremde Verkaufsorgane**: Vertragshändler, Makler, Handelsvertreter, Kommissionäre, Franchisenehmer.

Handelsvertreter

H 2009 II: A2b, 4 Pt.

Zu den grundlegenden Unterschieden zwischen externen Handelsvertretern und internen Handelsreisenden vgl. Kap. 2.4.

Handelsvertreter	
Vorteile	**Nachteile**
• Zugriff auf bestehenden Kundenkreis des Handelsvertreters • Zugriff auf Branchen-Know-how des Handelsvertreters • zu Beginn eines Produktlebenszyklus sind Handelsvertreter günstiger • es entstehen keine Fixkosten • im Ausland: kein eigenes Distributionssystem erforderlich, keine Sprachbarrieren, Akzeptanz, Kundennähe, -stamm	• geringere Produktkenntnisse oder hoher Schulungsbedarf • sind selbstständig und daher nicht weisungsgebunden • bei hohen Umsätzen hohe variable Kosten • Konkurrenz zu internen Vertriebsmitarbeitern • bevorzugen Absatz von Produkten mit hoher Provision

Bausteine einer erfolgreichen Vertriebsorganisation

F 2018 II: A8a, 4 Pt.

- **Vertriebsstrategie** mit passenden Vertriebskanälen
- **Vertriebsplanung** mit Orientierung an Zielgruppen und Märkten
- Einsatz hochmotivierter **Vertriebsmitarbeiter**
- **Vertriebscontrolling** mit regelmäßigen Erfolgsanalysen

3

Formen der Vertriebsschulung

F 2010 II: A9, 6 Pt.
H 2013 II: A9a-b, 4 Pt.

- **Verkaufsschulung**: Mitarbeiter werden insbesondere in der Verkaufspsychologie geschult.
- **Produktschulung**: Mitarbeiter erhalten entsprechende vertiefte Produktinformationen – insbesondere hinsichtlich des Nutzens des Produkts aus Sicht des Kunden.
- **Telefontraining**: Schulung im professionellen Telefonieren.
- **Zeitmanagement**: Schulung zur besseren Zeiteinteilung.

Motivationsmöglichkeiten für Außendienstmitarbeiter

F 2015 II: A10a-b, 10 Pt.

Zu den **monetären Anreizen** zählen:

- Umsatzprovision; Betriebsrenten, Abschlussprämien bei der Neukundenakquisition
- Zielvereinbarungen: Prämien bei Erreichung von Umsatzzielen

umsatzbezogene Prämien	
Vorteile	**Nachteile**
• steigert den Umsatz • erhöht die Auslastung • es handelt sich um ein für alle Seiten gut nachvollziehbares System	• ggf. geringere Rentabilität aufgrund hoher Rabatte • ggf. Fokus auf A-Kunden und Vernachlässigung von B- und C-Kunden • ggf. unzufriedene Kunden

Nicht-monetäre Anreize könnten sein:

- Verkaufs- und Produktschulungen,
- kooperativen Führungsstil einführen
- Incentives (Anreize): Lob/Anerkennung, Karrierechancen eröffnen, gehobener Dienstwagen, Betriebskindergarten usw.

3

Sonstige Aspekte des Vertriebs/Internetvertrieb

Zu den **Voraussetzungen bei der Schaffung neuer Vertriebswege** gehören:

F 2009 II: A8a-b, 12 Pt.
H 2015 II: A9c, 3 Pt.

- Vertriebsstruktur schaffen u. rechtliche Aspekte berücksichtigen (bspw. AGB gestalten)
- Vertriebswege müssen geplant werden

Direktvertrieb via Internet	
Vorteile	**Nachteile**
• zeitgemäß • Kundenkreis kann erweitert werden • steigende Umsätze • jüngere Käuferschaft für die Zukunft des Unternehmens • schnelle Abwicklung	• notwendige Kapazitäten • interne Konkurrenz/Kannibalisierungseffekt • keine nachhaltigen Kundenbeziehungen • keine direkte Warenpräsenz • höhere Retourenquoten • mehr Zahlungsausfälle • hohe Versandkosten

Maßnahmen zur Steigerung des Umsatzes

Zu den unterschiedlichen **Maßnahmen zur Steigerung des Umsatzes** zählen:

F 2012 II: A10, 8 Pt.
F 2016 II: A9, 6 Pt.
F 2018 II: A8c, 6 Pt.

- Verkaufs- und Produktschulungen
- Optimierung der Vertriebsstrukturen – schnellere Entscheidungen
- Einführung eines erfolgsorientierten Entlohnungssystems
- Einstellung zusätzlicher Vertriebsmitarbeiter
- Einführung eines Key-Account-Managements (besondere Behandlung von Schlüsselkunden)

3

Multi-Channel-Sale

H 2014 II: A9a-b, 10 Pt.

Beim Multi-Channel-Sale werden die Produkte über mehrere Absatzwege gleichzeitig verkauft (bspw. Einzel-/Großhandel, Handelsvertreter usw.). Zu den Absatzwegen vgl. Kapitel 2.4.

Multi-Channel-Sale	
Vorteile	**Nachteile**
• größere Zielgruppe erreichbar • unterschiedliche Zielgruppen können angesprochen werden • Konkurrenz der Vertriebskanäle fördert die Leistung • Neuerungen können zunächst auf bestimmten Kanälen getestet werden • Abschöpfen der Konsumentenrente	• bisweilen schwierige Abstimmung • klarer Fokus fehlt • Kannibalisierungseffekt der verschiedenen Kanäle • möglicherweise Imageverlust • Rosinenpicken bei denjenigen, die Provision erhalten (bspw. Handelsvertreter)

Key-Account-Management

Das Key-Account-Management konzentriert sich bei verbessertem Einsatz (bspw. durch einen direkten Ansprechpartner) um Großkunden/ Schlüsselkunden.

Key-Account-Management	
Vorteile	**Nachteile**
• individuelle Kundenberatung schafft Wettbewerbsvorteile • dauerhafte Zusammenarbeit mit Kunden auf Vertrauensbasis • hohe Kundenbindung • fester Kundenstamm	• sonstige Kunden fühlen sich ggf. benachteiligt • starke Abhängigkeit von Mitarbeitern mit persönlichem Kontakt zu den Großkunden • Sonderkonditionen der Großkunden senken Rendite • stärkere Abhängigkeit von wenigen Großkunden

Customer-Relationship-Management (CRM)

F 2014 II: A9a-b, 8 Pt.
H 2016 II: A9a-c, 16 Pt.

Ziel des Customer-Relationship-Managements (CRM) bzw. Kundenbindungsmanagement ist die langfristige Bindung des Kunden an das Unternehmen durch bspw. Servicemaßnahmen, kundenorientiertem/innovativem und individualisiertem Sortiment. Es wird dabei unterschieden zwischen:

- **kommunikatives CRM** durch Internet, Direktmailing, Telefon usw.
- **operatives CRM** durch bspw. Produktschulung.
- **analytisches CRM** durch Erfassung u. Auswertung von relevanten Kunden- und Marktinformationen.

4 Stufen bzw. Aufgaben eines CRM-Systems:

1. **Interessenten** für unsere Produkte finden
2. Interessenten zu **Kunden** machen
3. Kunden zu **begeistern**
4. begeisterte Kunden zu **Stammkunden** machen

Zu den **Voraussetzungen der Einführung eines CRM** zählen:

- vollständige Kundenhistorie in einer Kundendatenbank mit Daten zu Kunden und Aufträgen
- alle Informationen aller Bestandskunden: Umsätze etc.
- Identifikation der Mitarbeiter mit dem CRM-System
- verwertbare Informationen für Kundenanalysen etc.

Hinweis:

In diesem Kapitel werden Themen aus Kapitel 2 teilweise (ähnlich) wiederholt. Dies ergibt sich leider zwingend aus dem Rahmenplan.

3

3.2 Vertriebscontrolling

F 2014 II: A11a, 5 Pt.
H 2015 II: A9a, 5 Pt.

Ganz allgemein umfasst Controlling die folgenden Aspekte:

- **Planung**
- **Lenkung/Steuerung/Koordination und**
- **Kontrolle im Unternehmen**
- Zur Erfüllung dieser Aufgaben benötigt das Controlling **Informationen**, die es beschafft, aufbereitet, analysiert, weiterreicht.

Controlling kann in unterschiedlichen **Funktionsbereichen** stattfinden: bspw. Finanz-, Personalcontrolling – aber eben auch im Absatzbereich durch das **Vertriebscontrolling**.

Zu den **Aufgaben des Vertriebscontrollings** gehören dabei:

- Implementierung (= Einführung) eines **Frühwarnsystems** um rechtzeitig auf Krisen reagieren zu können.
- **Überprüfung der Vertriebswege**: aktuelle und alternative Wege beurteilen.
- **Kundenanalysen**: Auswertung von Kundeninformationen.
- **Marktanalysen**: Einschätzung der Marktchancen und -risiken.
- **Konkurrenzanalysen**: Beurteilung der Stärken/Schwächen.

Es wird zwischen dem strategischen und operativen Controlling unterschieden:

- Das **strategische Controlling** beschäftigt sich mit der grundlegenden, langfristigen Richtung der Entwicklung, also der Frage, wo das Unternehmen in fünf oder zehn Jahren stehen möchte.
- Das zahlenlastige **operative Controlling** versucht diese vorgegebene Zielrichtung im Detail umzusetzen. Dazu werden für die einzelnen Bereiche konkrete kurzfristige Pläne (bspw. Budgets) erstellt.

- Die **Kontrolle** erfolgt dabei mit Soll-Ist-Vergleichen (am Ende), Soll-Wird-Vergleichen (zwischendurch), Branchenvergleichen (mit den stärksten Konkurrenten), Zeitvergleichen (letztes Jahr vs. dieses Jahr) und bei größeren Unternehmen mit Vergleichen zwischen einzelnen Betriebsstätten oder zwischen einzelnen Filialen.

Kontrolle der Vertriebsaktivitäten

F 2015 II: A9a, 4 Pt.

Die Kontrolle ist ein wesentlicher Teil des Controllings. Die folgenden Vorschläge könnten dabei helfen, das Vertriebscontrolling eines Unternehmens zu verbessern:

- **Management durch Zielvereinbarungen** (Management by Objectives) und damit zusammenhängend geeignete **Beurteilungssysteme** für Vertriebsmitarbeiter.
- **Kennzahlen zur Kontrolle von Außendienstaktivitäten**: Soll-/Ist-Vergleich für den Umsatz je Außendienstmitarbeiter, je Kunde oder je Verkaufsbezirk.
- **Coaching** oder Mentoring durch erfahrene Außendienstmitarbeiter. Dabei können die Nachwuchskräfte im Außendienst auch besser kontrolliert werden.
- **Intensität der Kundenkontakte** der Außendienstmitarbeiter kontrollieren.

Kennzahlen des operativen Vertriebscontrollings

F 2010 II: A10, 6 Pt.
F 2014 II: A11b, 4 Pt.
F 2015 II: A9b, 6 Pt.
H 2015 II: A9b, 4 Pt.
F 2016 II: A5e, 2 Pt.
H 2017 II: A7b, 8 Pt.

Zu den für uns bedeutsamen **Kennzahlen des operativen Vertriebscontrollings** zählen:

- Absatzmengen, Umsatz, Deckungsbeitrag und Gewinn je Verkaufsgebiet, je Filiale, je Produkt/Produktgruppe oder je Kunde oder Kundengruppe. Zu den jeweiligen Zielen siehe die folgende Tabelle.
- Durchschnittliche **Auftragssumme je Kunde**.

Zielobjekt	Absatzmengen, Umsatz, Deckungsbeitrag, Gewinn
Verkaufsgebiet oder Filiale	Ziel: Erfolg der einzelnen Verkaufsgebiete ermitteln und vergleichen.
Produkt oder Produktgruppe	Ziel: Erfolg der einzelnen Produkte/Produktgruppen ermitteln und vergleichen.
Kunde oder Kundengruppe	Ziel: Erfolg, der mit den einzelnen Kunden/Kundengruppen erzielt wird, ermitteln und vergleichen.

- **Anzahl Neukunden** (ggf. in Relation zum Gesamtbestand an Kunden).
- **Auftragseingänge** je Zeiteinheit (Jahr, Quartal, Monat).
- **Kundenstruktur** durch ABC-Kundenanalyse ermitteln, um A-Kunden zu fördern und ggf. C-Kunden herauszufiltern.
- **Reklamationsquoten** (Anzahl der Reklamationen in Relation zu den Gesamtaufträgen) ermitteln, mit dem Ziel größere Probleme identifizieren zu können. Diese Kennzahl kann auch als Frühindikator für die Zufriedenheit der Kunden gelten.
- Der Erfolg einer Marketingmaßnahme kann durch ein Vergleichen von Kosten der Aktion mit dem erzielten **Mehrumsatz** beurteilt werden.

Methoden zur Messung der Kundenzufriedenheit

F 2017 I: A4b, 5 Pt.

Die Zufriedenheit der Kunden ist für den langfristigen Erfolg entscheidend. Zur Messung dienen:

- Interview
- Telefonumfrage
- Reklamationsanalysen und Vergleich mit Konkurrenzunternehmen
- Beschwerdetelefon
- Panel-Untersuchungen

4 Internationale Geschäftsbeziehungen

4.1 Einführung in den Außenhandel

Freihandel & Protektionismus

Die deutsche Wirtschaft ist intensiv in die Weltwirtschaft eingebunden. Kaum ein Land der Welt exportiert so viele Güter wie Deutschland. Davon hängen viele Millionen Arbeitsplätze direkt und indirekt ab. Daher ist Deutschland in zahlreichen internationalen Wirtschaftsorganisationen eingebunden. Dazu zählen die Europäische Union und die Welthandelsorganisation (WTO).

Auf **Freihandel** zielt eine Politik ab, die dem internationalen Handel möglichst wenige Hemmnisse in den Weg legen möchte. Eine Politik des **Protektionismus** versucht hingegen die heimische Wirtschaft vor ausländischen Konkurrenten zu schützen (zu protegieren). Zu den protektionistischen Maßnahmen zählen:

- **Zölle** als Einfuhr- oder Ausfuhrabgaben
- **nicht-tarifäre Handelshemmnisse** sind alle sonstigen Handelshemmnisse: Dazu zählen insbesondere **Kontingente** in Form von mengen- oder wertmäßiger Beschränkung des internationalen Handels aber auch zahlreiche bürokratische Hindernisse.

WTO

Seit dem Ende des 2. Weltkriegs versuchten zumindest die westlichen Industrienationen unter Führung der USA wieder, ihre jeweiligen Handelshemmnisse abzubauen. Zuerst diente dazu das GATT, das im Jahre 1995 in die neu gegründete Welthandelsorganisation (**WTO - World Trade Organization**) integriert wurde. Deren Ziel ist die Liberalisierung des Welthandels und besteht aus drei großen Vertragswerken:

- Das **GATT** strebt möglichst weitgehenden weltweiten Freihandel für Waren an. Hier wurden bisher die größten Erfolge erzielt. Auch

Deutschland erzielt die größten Exporterlöse aus dem Handel mit Waren.

- Das bisher nicht ganz so bedeutsame **GATS** versucht den weltweiten Handel mit Dienstleistungen zu liberalisieren.
- Ein weiteres Abkommen zielt auf den möglichst weltweiten Schutz der geistigen Eigentumsrechte (Urheberrechte, Patente u. Lizenzen) ab (**TRIPS** = trade related aspects of intellectual property rights).

Europäische Union (EU)

Zu den wesentlichen Institutionen der EU zählen das, wenn auch relativ wenig einflussreiche, **Europäische Parlament** mit Sitz in Straßburg, die Europäische Kommission sowie der Europäische Rat (beide in Brüssel angesiedelt). Die **Europäische Kommission** stellt so etwas wie eine »europäische Regierung« dar. Die Kommissare wirken demnach ähnlich wie Minister. Der **Europäische Rat** ist keine ständige Einrichtung, sondern setzt sich aus Regierungsvertretern der einzelnen Mitgliedsländer zusammen. Neben der ausufernden Bürokratie wird insbesondere die fehlende demokratische Legitimation der EU kritisiert. Die Judikative wird durch den **Europäischen Gerichtshof** (EuGH) mit Sitz in Luxemburg repräsentiert.

Europäischer Binnenmarkt

Der Europäische Binnenmarkt bzw. gemeinsame Markt der Europäischen Union (EU) basiert auf **vier Grundfreiheiten**:

- **freier Warenverkehr**: Es gibt keine Zölle und sonstige Handelsbeschränkungen innerhalb der EU.
- **freier Dienstleistungsverkehr**: Dies gilt auch für Dienstleistungen.
- **freier Kapitalverkehr**: Ebenso darf (legal versteuertes) Kapital innerhalb der EU problemlos angelegt und investiert werden.
- **freier Personenverkehr**: Es besteht Beschäftigungs-, Niederlassungs- und Reisefreiheit innerhalb der EU.

Globalisierung

Globalisierung bezeichnet den Prozess der zunehmenden weltweiten wirtschaftlichen Verflechtung.

Gerade die wirtschaftliche Globalisierung bedurfte verschiedener **Voraussetzungen**, dazu zählen:

- die **technologischen Entwicklungen** in verschiedenen Bereichen
- der **Abbau von Grenzkontrollen und Zöllen** (vgl. EG/EU, WTO)

Zu den **Risiken** bzw. Nachteilen **der Globalisierung** gehören:

- Die jüngsten Finanz- und Wirtschaftskrisen zeigen, wie anfällig die Weltwirtschaft für Krisen ist, die von einzelnen Ländern ausgehen.
- Durch »Lohn- und Sozialdumping« können sich Entwicklungs-/ Schwellenländer Standortvorteile gegenüber den Industrieländern sichern und Arbeitsplätze in Deutschland gefährden.
- Ökologische und soziale Aspekte werden vernachlässigt.

Insgesamt dürften die Vorteile bzw. **Chancen der wirtschaftlichen Globalisierung** die Nachteile aber überwiegen:

- Es gibt eine größere Auswahl an Produkten/-varianten.
- Der Wettbewerb und damit auch der Fortschritt wird gefördert.
- Wettbewerb führt zu besserem Service oder günstigeren Preisen.
- Vor allem niedrige Löhne und Sozialstandards sind eine Methode, damit rückständige Länder ökonomisch aufholen können.

4

4.2 Kooperationen im Außenhandel

Kooperationen sind Formen der Zusammenarbeit im Bereich Beschaffung, Forschung & Entwicklung, Absatz, Logistik, Produktion usw. Davon wird die *rechtliche Selbstständigkeit* nicht berührt und bleibt erhalten. Die *wirtschaftliche Selbstständigkeit* wird nur im Bereich der Zusammenarbeit aufgegeben/eingeschränkt.

Zu den Formen der Kooperation zählen:

- **Kartelle** stellen Vereinbarungen zwischen Unternehmen dar. So werden bei einem Preiskartell einheitliche Preise der Kartellmitglieder vereinbart. Eine eigenständige Preispolitik ist nicht mehr möglich. Folgende Formen von Kartellen sind u. a. denkbar:
    - Preiskartelle – Absprachen über Preise
    - Mengenkartelle/Quotenkartelle – Absprachen über Mengen
    - Gebietskartelle – Absprachen über Gebiete/Regionen
- **Joint Ventures** (= gemeinsames Wagnis) sind gemeinsam gegründete Tochterunternehmen von zwei unabhängig bleibenden Unternehmen. Dies ist sehr geläufig im Bereich der internationalen Rohstoffexploration. Dabei kommt das Know-how zweier Unternehmen zusammen und das Risiko wird gemeinsam getragen.
- **Franchising**: Die Franchisenehmer betreiben selbstständig und auf eigenes Risiko ein Unternehmen, dessen Konzept und Marketingstrategie vom Franchisegeber angekauft wird (siehe unten).

Export und Import sowie Handelsmittler

F 2011 II: A10a-b, 7 Pt.
H 2011 II: A9a-b, 12 Pt.
F 2014 II: A10a-b, 7 Pt.
H 2015 II: A10a-b, 8 Pt.

Unter **Export** und **Import** werden grenzüberschreitende Geschäfte mit Waren und Dienstleistungen verstanden. Zu unterscheiden sind:

- **direkter Vertrieb/Export**: Der Exporteur verkauft ohne Mittler direkt an ausländische Abnehmer.

- **indirekter Vertrieb/Export**: Zwischen dem Exporteur und dem ausländischen Importeur ist ein Handelsmittler zwischengeschaltet.

Vorteile	
direkter Vertrieb/Export	**indirekter Vertrieb/Export**
• Zunahme an Erfahrungen • direkter Kundenkontakt • schnelle Reaktion bei unzufriedenen Kunden • mehr Verhandlungsspielraum (Preise, Konditionen) gg. Kunden	• Auslandskenntnisse des Absatzmittlers vorhanden • vorhandener Kundenstamm • Kostenersparnis, da kein Vertriebsnetz im Ausland notwendig • geringerer Kapitalbedarf

Zu den **Handelsmittlern im Außenhandel** zählen:

- **Franchisepartner**: Im Ausland tätige Unternehmen, die unser Geschäftskonzept (gemeinsame Warenzeichen, Marken, Symbole und Gestaltung der Verkaufsräume) dort nach strengen Vorgaben umsetzen. Der Franchisegeber unterstützt, berät und beliefert während der Franchisenehmer hierfür bezahlt. Zu den Vor- und Nachteilen des Franchisings vgl. auch Kapitel 2.4.

internationales Franchising aus Sicht des Franchisegebers	
Vorteile	**Nachteile**
• schnellere Expansion möglich • einheitlicher Marktauftritt • geringerer Kapitalbedarf • Risikostreuung • Vorort-Kenntnisse des Franchisenehmers	• Kontrollen notwendig • ggf. Imageschaden • Abhängigkeit • unterschiedliche Rechtssysteme • Wissens-/Technologietransfer • Kommunikationsprobleme

- **Exportkommissionäre/Verkaufskommissionäre im Ausland**: Sie verkaufen im eigenen Namen und auf fremde Rechnung Waren ins/im Ausland. Vorteile: Kenntnisse von Landesprache, Gebräuchen, Gesetzen/Bürokratie; vorhandener Kundenstamm im Ausland.

- **Importkommissionäre**: Sie kaufen im eigenen Namen und auf fremde Rechnung Waren im Ausland.
- **Handelsmakler**: Sie haben eine rein vermittelnde Funktion in fremdem Namen und auf fremde Rechnung.

Sowohl bei der Kooperation als auch der Konzentration kann national wie international zwischen drei Formen/**Richtungen des Zusammenschlusses** unterschieden werden:

- Ein **horizontaler** Zusammenschluss liegt vor, wenn zwei oder mehr Unternehmen derselben Branche kooperieren oder fusionieren. Dazu zählt bspw. die Fusion zweier Banken.
- Der **vertikale** Zusammenschluss steht für eine Kooperation oder Konzentration aufeinanderfolgender Wirtschaftsstufen (Lieferant und Abnehmer).
- Von einem **diagonalen, anorganischen, konglomeraten** oder **lateralen** Zusammenschluss spricht man genau dann, wenn die Kooperation oder Konzentration zwischen Unternehmen stattfindet, die aus fremden Branchen kommen, die nichts miteinander zu tun haben – bspw. die Fusion einer Bank mit einem Spielwarenhersteller.

4.3 Interkulturelle Kommunikation

Schon im Fach »Betriebliches Management« wurden in Kapitel 4.4 Kommunikationsprobleme besprochen. Diese Probleme werden natürlich noch verstärkt, wenn es um Kommunikation mit Geschäftspartnern anderer Länder in Europa oder gar anderen Kulturkreisen geht. Neben Sprachproblemen werden Gesten, Mimik, kulturelle Besonderheiten und Einstellungen beidseitig nicht verstanden. Dies kann den Geschäftserfolg nachhaltig beeinträchtigen. Daher gilt es hier auf einige grundlegende Aspekte einzugehen, die das gegenseitige Verständnis verbessern können:

Individualismus	Kollektivismus
In westlichen Gesellschaften steht das Individuum, der einzelne Mensch im Vordergrund.	In den meisten anderen Ländern (bspw. in China) wird die Gemeinschaft in den Vordergrund gestellt.

Maskulinität	Feminität
Viele Gesellschaften sind maskulin geprägt. Männliche Werte wie beruflicher und materieller Wert sind entscheidend. Konflikte werden ausgetragen (bspw. in den USA).	Einige Gesellschaften sind eher feminin geprägt (bspw. Skandinavien, aber auch in zunehmendem Maße Dtld.). Hier werden Kommunikation und Beziehungen mehr geschätzt.

Risikobereitschaft	Risikominimierung
Manche Menschen neigen zu riskanten Aktionen und Entscheidungen. Diese tätigen schneller Geschäftsabschlüsse, auch wenn die Erfolgsaussichten zweifelhaft sind.	Andere Menschen sind eher risikoscheu und werden daher einen Geschäftsabschluss nur tätigen, wenn sie sich recht sicher in Bezug auf den Erfolg sind.

Hierarchie	Distanz
In manchen traditionellen Kulturen (bspw. in China) herrschen nach wie vor starke gesellschaftliche Hierarchien, die oft auf Alter und beruflicher Stellung basieren.	Ebenso neigen manche Gesellschaften zu Distanz in der Kommunikation mit fremden Menschen. Wir Deutschen sagen häufig hemdsärmelig, was wir denken. Das ist schon in der benachbarten Schweiz sehr unbeliebt.

Universalismus	Partikularismus
Insbesondere in den USA werden Geschäftsverträge und allgemeine Regelungen als sehr wichtig empfunden.	In vielen anderen Ländern (bspw. Südeuropa) gilt ein Handschlag ebenfalls, und nicht alles muss schriftlich festgelegt werden.

Grundsätzlich muss festgehalten werden, dass nicht alle hier genannten Beispiele auf alle Menschen in den genannten Ländern zutreffen. Es ist eher so, dass Menschen in manchen Ländern eher zu bestimmten Verhaltensweisen neigen als andere.

5

5 Spezielle Rechtsaspekte

5.1 Wettbewerbsrecht

Wettbewerb ist ein zweischneidiges Schwert: Aus Sicht der Konsumenten ist der Wettbewerb der Anbieter vorteilhaft (niedrigere Preise, Innovationen, höhere Qualität usw.). Demgegenüber ist Wettbewerb für die konkurrierenden Unternehmen eine Qual sich anzupassen, Kosten zu senken, zwangsweise immer neue Produkte auf den Markt zu bringen, ständig die Qualität zu sichern usw. Folglich streben die Konkurrenten an, den Wettbewerb zu beschränken (**Formen von Wettbewerbsbeschränkungen**):

- Verhaltensabstimmung in Form von **Kartellen**.
- **Internes Wachstum** und Verdrängung (bspw. Aldi).
- Externes Wachstum durch Unternehmenszusammenschlüsse (**Fusionen**).

Zu den **Gründen** für Wettbewerbsbeschränkungen zählen: 1. Umgehung der Konkurrenz, 2. Steigerung der Gewinne (Kosten senken, Umsätze steigern), 3. bessere Finanzierungsmöglichkeiten (als Großunternehmen), 4. Beschleunigung des technischen Fortschritts (Forschung und Entwicklung), 5. Risikostreuung durch breiteres Sortiment usw.

Das **Ziel** der staatlichen Wettbewerbspolitik ist daher die Erhaltung bzw. Sicherung des Wettbewerbs. Zu den hierfür dienlichen **Institutionen** der staatlichen Wettbewerbspolitik zählt in Deutschland zuvorderst das **Bundeskartellamt**. Zu den wettbewerbspolitisch wichtigen Regelungen in Europa und Deutschland zählen:

- **AEUV Art. 101-109** (Vertrag über die Arbeitsweise der EU).
- **Gesetz gegen den unlauteren Wettbewerb (UWG)**
- **Gesetz gegen Wettbewerbsbeschränkungen (GWB)**

5

5.1.1 Verbot des unlauteren Wettbewerbs (UWG)

H 2009 II: A3, 4 Pt.
F 2013 II: A11, 2 Pt.
H 2013 II: A11, 4 Pt.

Laut der **Generalklausel des UWG in § 3** sind alle unlauteren geschäftlichen Handlungen zu unterlassen, sofern sie die Interessen von Mitbewerbern (= Konkurrenten), Verbrauchern oder sonstigen Marktteilnehmern (bspw. Lieferanten) spürbar beeinträchtigen. Zu den konkreten Regelungen:

- **irreführende Werbung** (§ 5 UWG) durch a) unwahre Angaben oder b) das Verschweigen von wesentlichen Tatsachen, bspw.:
  - ohnehin vorhandene Rechte als Besonderheit bewerben
  - Gratisangaben, die sehr wohl Kosten beinhalten
  - Teilnahme an einem Glückspiel vom Erwerb von Gütern abhängig machen.
  - Qualitätskennzeichnung ohne Genehmigung hierzu
- **vergleichende Werbung** (§ 6 UWG) ist seit dem letzten Jahrzehnt zwar erlaubt, aber nur sofern sie nicht unlauter ist. Weiterhin verboten sind Verunglimpfungen, Lügen, Verschleierungen, Verwechselungsversuche usw. Die Durchsetzung der diesbzgl. Ansprüche erfolgt durch Abmahnung über Verbände und Kammern oder Beantragung einer einstweiligen Verfügung vor Gericht. Es bestehen folgende **Ansprüche**:
  - Unterlassung der unlauteren Werbung
  - Beseitigung der unlauteren Werbung
  - Schadensersatz und ggf. Gewinnabschöpfung
- **unzumutbare Belästigung** (§ 7 UWG) ist verboten bei Werbung, die der Angesprochene offensichtlich nicht erwünscht (bspw. Telemarketing ohne vorherige Einwilligung, Briefkastenwerbung).
- Achtung: **Räumungsverkäufe** und sonstige Sonderveranstaltungen sind seit über einem Jahrzehnt nicht mehr im UWG geregelt und damit zulässig, sofern keine sonstigen unlauteren Handlungen (bspw. irreführende Werbung) vorliegen.

5.1.2 Kartellverbot (GWB)

H 2010 II: A13, 6 Pt.
F 2013 II: A11, 2 Pt.

Das Gesetz gegen Wettbewerbsbeschränkungen (GWB) aus dem Jahr 1957 beinhaltet u. a.:

- **Kartellverbot:** Grundsätzlich sind Kartelle verboten. Hiervon gibt es allerdings Ausnahmen – bspw. Mittelstandskartelle. Im Missbrauchsfall kann das Bundeskartellamt (BKartA) a) Bußgelder verhängen, b) auf Unterlassung oder c) auf Schadensersatz klagen.
- **Zusammenschlusskontrolle:** Sofern eine marktbeherrschende Stellung vorliegt oder vermutet wird, …
    - müssen beabsichtigte Zusammenschlüsse beim Bundeskartellamt angezeigt werden.
    - kann das Bundeskartellamt bei einer tatsächlichen oder vermuteten Entstehung oder Verstärkung einer marktbeherrschenden Stellung den Zusammenschluss untersagen.
    - kann der Bundesminister für Wirtschaft in Ausnahmefällen einen vom Bundeskartellamt untersagten Zusammenschluss genehmigen (Ministererlaubnis).
- **Missbrauchsaufsicht:** Marktmachtmissbrauch ist generell untersagt (§ 19 GWB). Zu den weiteren diesbzgl. Verboten zählen:
    - **Gebietsschutz/Exklusivität, Bezugsbindungen**
    - **Boykott, Diskriminierung** (§ 20 GWB), **Ausschließlichkeitsbindungen** (§ 21 GWB).
    - **Preisbindungen der zweiten Hand** (des Handels) sind grundsätzlich verboten (Ausnahme bspw. Bücher).

Zu den ggf. erlaubten Formen der Wettbewerbsbeschränkungen zählen:

- **Unverbindliche Preisempfehlungen** sind erlaubt, sofern kein Wettbewerbsdruck ausgeübt wird.
- **Höchstpreisbindungen** für den Handel sind unter bestimmten Bedingungen erlaubt.

5

5.2 Markenrecht

5.2.1 Schutz von Marken u. geschäftl. Bezeichnungen

H 2009 II: A2c, 3 Pt.
F 2010 II: A11a, 3 Pt.
H 2012 II: A12a, 3 Pt.
F 2013 II: A12, 6 Pt.

Eine **Marke** ist die geschützte Bezeichnung von Produkten, Dienstleistungen und Unternehmen. Zu unterscheiden sind dabei:

- Wort-Marken: Hier wird die Bezeichnung durch ein Wort geschützt.
- Wort-Bild-Marke: Ein bestimmtes Wort wird in Verbindung mit einer grafischen Abbildung geschützt.

Die konkreten Regelungen finden sich im Gesetz über den Schutz von Marken und sonstigen Kennzeichen (Markengesetz – **MarkenG**). Nach § 1 MarkenG werden Marken, geschäftliche Bezeichnungen und geografische Herkunftsangaben geschützt.

§ 3 (1) MarkenG: »Als **Marke** können Zeichen, insbesondere Wörter einschließlich Personennamen, Abbildungen, Buchstaben, Zahlen, Hörzeichen, dreidimensionale Gestaltungen einschließlich der Form einer Ware oder ihrer Verpackung sowie sonstige Aufmachungen einschließlich Farben und Farbzusammenstellungen geschützt werden, die geeignet sind, Waren oder Dienstleistungen eines Unternehmens von denjenigen anderer Unternehmen zu unterscheiden.«

Neben Marken gibt es **weitere wichtige gewerbliche Schutzbereiche**. Zu diesen zählen insbesondere:

- **Patente**: Sofern eine herausragende technische Erfindung getätigt wird, kann diese beim Patentamt in München angemeldet werden (bzw. EU/international). Dadurch erhält der Patentinhaber das exklusive Verwertungsrecht seiner Erfindung für 20 Jahre.
- **Gebrauchsmuster**: Hierbei handelt es um das sogenannte »kleine Patent« für unbedeutende Neuerungen (Schutzdauer nur 10 Jahre).
- **Geschmacksmuster**: Sie dienen dem Schutz von Design.

5.2.2 Beginn und Ende des Markenschutzes

5

F 2009 II: A7, 6 Pt.
H 2009 II: A2c, 2 Pt.
F 2010 II: A11b, 5 Pt.
H 2012 II: A12b, 3 Pt.
H 2013 II: A12, 6 Pt.

Für die **Anmeldung von Marken** gibt es grundsätzlich drei Möglichkeiten:

- Auf nationaler Ebene erfolgt die Anmeldung beim Deutschen Patentamt in München (DPMA).
- Zumeist ist jedoch eine Ausdehnung auf alle Länder innerhalb der EU (noch 28 Länder) durch die gemeinsame **Unionsmarke** (bis 23.03.2016 Gemeinschaftsmarke bzw. EU Trademark genannt) sinnvoll. Hierfür ist eine Eintragung beim Amt der Europäischen Union für Geistiges Eigentum (**EUIPO**) in Alicante (Spanien) notwendig. Bis zum 23.03.2016 hieß diese Behörde Harmonisierungsamt für den Binnenmarkt (HABM).
- Eine Ausdehnung auf weitere Länder kann durch eine internationale Marke (IR) erfolgen. Dies betrifft bspw. auch die Schweiz.

Durch die Anmeldung und Eintragung einer Marke ins Markenregister erhält der Inhaber Anspruch auf Unterlassung der Nutzung durch andere Unternehmen. Zudem erhält er ggf. Schadensersatzanspruch und das Anrecht auf die Vernichtung widerrechtlich mit der Marke gekennzeichneter Gegenstände.

Zur Eintragung einer Marke sind u. a. folgende Angaben erforderlich:

- Identität des anmeldenden Unternehmens
- Liste bzw. Verzeichnis der anzumeldenden Produkte
- Darlegung der Marke an sich

Die Schutzdauer der Unionsmarke beträgt 10 Jahre und kann unbegrenzt verlängert werden. Zu bedenken ist auch die **Verfahrensdauer**, die 6, 12 oder mehr Monate dauern kann. Unberechtigte Nutzer von eingetragenen Marken können abgemahnt werden. Hierzu ist eine ständige Prüfung nötig, ob die Marke widerrechtlich genutzt wird.

5

5.3 Verbraucherschutz

5.3.1 Besonderheiten des Verbrauchsgüterkaufs

- § 13 BGB: »**Verbraucher** ist jede natürliche Person, die ein Rechtsgeschäft zu Zwecken abschließt, die ... weder ihrer gewerblichen noch ihrer selbständigen Tätigkeit zugerechnet werden können.«

- § 14 (1) BGB: »**Unternehmer** ist eine natürliche oder juristische Person oder eine rechtsfähige Personengesellschaft, die bei Abschluss eines Rechtsgeschäfts in Ausübung ihrer gewerblichen oder selbständigen beruflichen Tätigkeit handelt.«

- **Zweck** dieser Unterscheidung ist der **Schutz des Verbrauchers**, der gegenüber Unternehmen für gewöhnlich weniger Informationen und Erfahrung besitzt und sich daher in einer schlechteren Verhandlungsposition befindet. Der Schutz des Verbrauchers zeigt sich bspw. im BGB in: (1) § 312 Besonderheiten bei Verbraucherverträgen, (2) § 355 Widerrufsrecht bei Verbraucherverträgen, (3) § 474 Verbrauchsgüterkauf.

Sofern ein (privater) Verbraucher von einem Unternehmer eine bewegliche Sache oder eine Dienstleistung kauft, spricht man von einem **Verbrauchsgüterkauf** (§ 474 (1) BGB). Im Marketing spricht man hier gerne von **B2C-Geschäften** (Business-to-Consumer-Geschäft)

- **Beweislastumkehr** beim Verbrauchsgüterkauf (§ 476 BGB): Zeigt sich innerhalb von sechs Monaten ab Übergabe ein Sachmangel, so wird davon ausgegangen, dass die Sache schon bei der Übergabe mangelhaft war. In diesem Fall liegt die Beweislast für die mangelfreie Lieferung beim Unternehmer. Nach Ablauf der 6 Monate liegt die Beweislast beim Käufer.

- Diese Beweislastumkehr gilt dann nicht, wenn sie mit der Art der Sache oder des Mangels unvereinbar ist.

5.3.2 Widerrufsrecht bei Verbraucherverträgen

Bei bestimmten Geschäften hat der Verbraucher ein Widerrufsrecht (§ 312g BGB u. § 355 BGB): a) Fernabsatzgeschäfte (14-tägig), b) Haustürgeschäften, c) Verbraucherdarlehen.

5.3.3 Einbeziehung und Inhaltskontrolle von AGB

Bei den *Allgemeinen Geschäftsbedingungen* handelt es sich um in Verträgen vorformulierte, standardisierte Vertragsbedingungen, die eine Vertragspartei der anderen bei Vertragsabschluss vorgibt (§ 305 (1) 1. BGB). Hierzu zählen bspw.: Liefer- und Zahlungsbedingungen, Vereinbarungen über Gerichtsstand und Erfüllungsorte. Für gewöhnlich ist es der Verkäufer, der dem Privatkäufer AGB (»das Kleingedruckte«) vorgibt. Im BGB sind die Regelungen hierzu aber relativ streng (§ 305 (2) BGB):

- Es dürfen keine Individualvereinbarungen sein.
- Hinweis bei Vertragsabschluss erforderlich.
- Es muss die Möglichkeit bestehen, in zumutbarer Weise von den AGB Kenntnis zu nehmen.
- Die andere Seite muss ihr Einverständnis zu den AGB geben.

In den folgenden Fällen sind AGB-Klauseln unwirksam:

- überraschende Klauseln (Handy-Kauf mit Zeitschriften-Abo)
- Klauseln, die gegen Treu und Glauben verstoßen
- ausdrücklich in den §§ 308, 309 BGB genannte Klauseln

Sofern eine Klausel unwirksam wird, gilt der Vertrag, aber die entsprechende Klausel wird durch die entsprechende gesetzliche Regelung ersetzt. *Grundsätzlich sind Einzelvereinbarungen den AGB vorzuziehen.*

Hinweis zu den Fotografien im Fachbuch:

Für gewöhnlich beginnen Kapitel mit rechten Seiten. Sofern eine linke Seite frei bleibt, ergibt sich Platz für ein Foto. Dadurch entstehen **keine** höheren Druckkosten und damit Preise für Sie als Endkunden. Alle Fotos im Buch haben keinen direkten Bezug zur Thematik, sondern dienen einfach der optisch ansprechenderen Gestaltung. Zudem erleichtern sie die Orientierung im Buch.

A

Anhang A: Fragen/Aufgaben zur Prüfungssimulation

Fallstudie bzw. Ausgangssituation zu allen Aufgaben:

Die *Skifuntech GmbH* ist ein Hersteller hochwertiger und trendiger Skier aus Oberstdorf im Allgäu. Das Unternehmen strebt nach hoher Produkt- und Prozessqualität und wurde 1997 von den beiden befreundeten Ingenieuren Joachim Huber & Nils Bernauer gegründet:

- Zu den Kunden zählen große Handelsketten, aber auch zahlreiche kleine und mittelgroße Sportgeschäfte (vorwiegend in Europa).
- Insgesamt hat das Unternehmen ca. 150 Mitarbeiter (davon 35 Vertriebsmitarbeiter).
- Die beiden Gründer und Geschäftsführer sind von ihrer Entscheidungskompetenz überzeugt und gerade der 5 Jahre ältere Joachim Huber lässt den Abteilungsleitern wenig Spielraum und vertritt einen strikt autoritären Führungsstil. Nils Bernauer plädiert für einen kooperativeren Führungsstil im gesamten Unternehmen.
- Für gewöhnlich kommen jedes Jahr neue Modelle auf den Markt.
- In allen Tests zur Sicherheit erhalten die Skier Bestnoten.
- In jüngster Zeit nimmt die Konkurrenz aus benachbarten Alpenländern zu, die einige Produkte weitgehend identisch und ebenfalls auf qualitativ hochwertigem Niveau fertigen können.
- Joachim Huber strebt eine möglichst schnelle Expansion des Vertriebs in die USA an. In den USA zählt das Label »Made in Germany« viel, jedoch ist dort die Konkurrenz trendiger Hersteller groß.
- Nils Bernauer sieht günstige Chancen eher in einer Ausdehnung des Sortiments auf Snowboards, Langlaufskier und Skibindungen. Teilweise fehlt hier das Expertenwissen. Es könnte aber zu vielen Synergieeffekten kommen.

Prüfungssimulation 1 (insgesamt 40 Punkte)

Situationsaufgabe 1

1. Zu lange hat sich die *Skifuntech GmbH* auf ihre Kernkompetenz verlassen – den Vertrieb hochwertiger Skier in Europa. Die zunehmende Konkurrenz bereitet große Sorgen und erfordert ein radikales Umdenken. Sie werden im Unternehmen damit beauftragt, mögliche alternative Strategien zu erarbeiten. **(Σ = 12 Punkte)**

   a) Stellen Sie unter Zuhilfenahme der Produkt-Markt-Matrix nach Ansoff mögliche Strategien des Unternehmens vor. Erläutern Sie, inwiefern die vier Strategien für die *Skifuntech GmbH* geeignet sind. **(8 Pt.)**

   b) Bevor wir uns endgültig für eine geeignete Strategie entscheiden können, bedarf es einer genauen Marktforschung. Erläutern Sie den Unterschied zwischen primärer und sekundärer Marktforschung und nennen Sie jeweils ein Beispiel. **(4 Pt.)**

2. Wenn sich die *Skifuntech GmbH* für eine neue Strategie entschieden hat, bedarf es geeigneter Werbemaßnahmen. In unserer Fallstudie gehen wir davon aus, dass sich die Geschäftsführung für eine Marktentwicklungsstrategie in den USA entschieden habe. **(Σ = 8 Punkte)**

   a) Erläutern Sie jeweils zwei geeignete Werbeträger und -mittel für eine Marktentwicklungsstrategie in den USA. **(4 Pt.)**

   b) Stellen Sie vier Elemente eines Werbeplans für die *Skifuntech GmbH* vor. **(4 Pt.)**

Situationsaufgabe 2

3. Für die anstehende Expansion des Unternehmens strebt die *Skifuntech GmbH* eine Umgestaltung der Vertriebsorganisation an. Bisher erfolgt die Einteilung des Vertriebs anhand der verschiedenen Absatzländer Deutschland, Österreich und Schweiz. **(Σ = 12 Punkte)**

   a) Bestimmen Sie die bisherige Form der Vertriebsorganisation und ergänzen sie diese um zwei alternative Formen. Entscheiden Sie sich für eine Variante bei einer Ausdehnung des Sortiments um Snowboards, Skibindungen etc. **(6 Pt.)**

   b) Die anstehende Expansion des Sortiments erfordert einen höheren Anspruch an die Außendienstmitarbeiter. Erläutern Sie drei verschiedene Möglichkeiten, die Außendienstmitarbeiter zu motivieren. **(6 Pt.)**

4. Sofern die geplante Expansion der *Skifuntech GmbH* auf ein wesentlich breiteres Sortiment stattfindet, wird ein funktionierendes Vertriebscontrolling benötigt. **(Σ = 8 Punkte)**

   a) Beschreiben Sie drei Vertriebskennzahlen, die zukünftig eingesetzt werden könnten. **(4 Pt.)**

   b) Erläutern Sie im Hinblick auf die geplante Expansion der *Skifuntech GmbH* den Unterschied zwischen der strategischen und der operativen Absatzplanung. **(4 Pt.)**

A

Prüfungssimulation 2 (insgesamt 40 Punkte)

Situationsaufgabe 1

5. Zur Steigerung der Rentabilität werden in der Geschäftsführung der *Skifuntech GmbH* verschiedene Preisstrategien diskutiert. Neben Formen der Preisdifferenzierung stellt sich die Frage nach der Preisgestaltung bei der Einführung neuer Produkte. **(Σ = 8 Punkte)**

   a) Um die Umsätze in bestehenden Märkten zu steigern, werden verschiedene Formen der Preisdifferenzierung in die Diskussion eingebracht. Stellen Sie vier realisierbare Formen der Preisdifferenzierung für die *Skifuntech GmbH* vor. **(4 Pt.)**

   b) Die Einführung eines hochwertigen Skis steht bevor. Sie sollen der Geschäftsführung nun eine Abwägung zwischen der *Penetrationsstrategie* und der *Skimmingstrategie* vorlegen. **(4 Pt.)**

6. Für den Vertrieb der *Skifuntech GmbH* in den USA wird der Einsatz von Handelsreisenden oder Handelsvertretern diskutiert. Es wird im ersten Jahr ein Umsatz von 1,2 Mio. $ erwartet. Langfristig wird ein deutlich höherer Umsatz (> 2 Mio. $) erwartet. **(Σ = 12 Punkte)**

   - Handelsreisende würden ein Monatsgehalt von 4.000 $ + 1 % Umsatzprovision erhalten.
   - Handelsvertreter würden hingegen nur eine Umsatzprovision von 3,5 % bekommen.

   a) Erläutern Sie anhand von 4 Aspekten den Unterschied zwischen Handelsreisenden und Handelsvertretern. **(4 Pt.)**

   b) Berechnen Sie die durchschnittlichen monatlichen Kosten für die beiden Varianten im 1. Jahr und treffen Sie eine begründete Entscheidung für das 1. Jahr. **(4 Pt.)**

   c) Ermitteln Sie anhand einer nachvollziehbaren Berechnung den jährlichen Umsatz, bei dem die Kosten der beiden Varianten gleich wären. **(3 Pt.)**

   d) Erläutern Sie, wen Sie langfristig vorziehen würden. **(1 Pt.)**

Situationsaufgabe 2

7. Nicht erst durch die mögliche Expansion in die USA wird sich die Geschäftsführung der *Skifuntech GmbH* der möglichen Probleme des Wettbewerbs- und Markenrechts bewusst. **(Σ = 10 Punkte)**

   a) Ein österreichischer Konkurrent behauptete unlängst in einem Inserat einer deutschen Fachzeitschrift, dass die Verletzungsgefahr mit unseren Skiern um 200 % größer sei, als mit den eigenen Fabrikaten. Nehmen Sie hierzu kritisch Stellung. **(4 Pt.)**

   b) Erläutern Sie drei Formen der gewerblichen Schutzrechte. **(6 Pt.)**

8. Es zeigt sich in zunehmendem Maße, wie wichtig eine enge Zusammenarbeit sowohl mit den gewerblichen Abnehmern als auch mit den Endverbrauchern ist. **(Σ = 10 Punkte)**

   a) Erläutern Sie die Zielsetzung des »Customer-Relationship-Managements (CRM)«. **(3 Pt.)**

   b) Stellen Sie die vier Stufen eines CRM-Systems vor. **(4 Pt.)**

   c) Erläutern Sie den Begriff »Multi-Channel-Sale« und nennen Sie jeweils einen Vor- und einen Nachteil. **(3 Pt.)**

Wichtige Hinweise:

Bitte die folgenden Lösungen erst dann nutzen, wenn Sie **wirklich** versucht haben, die Prüfungssimulationen selbstständig zu lösen. Es ist immer leicht, die Lösungen zu betrachten, um dann zu sagen, dass man das natürlich auch so gemacht hätte.

RSP steht für Rahmenstoffplan der IHK.

B

Anhang B: Lösungen zu den Aufgaben

Prüfungssimulation 1 (insgesamt 40 Punkte)

Situationsaufgabe 1

1. RSP 8.1.3.1/2 (Kap. 1.3.1/1.3.2) **(12 Punkte)**

a) Es ergeben sich mit Hilfe der Ansoff-Matrix die folgenden vier grundlegenden Strategien:

Markt / Produkt	alt bzw. vorhanden	neu
alt bzw. vorhanden	**1. Marktdurchdringung**: bspw. durch eine Niedrigpreisstrategie für Skier	**2. Marktentwicklung**: bspw. Erschließung des US-Marktes
neu	**3. Produktentwicklung**: bspw. Sortimentserweiterung (bspw. Snowboards)	**4. Diversifikation**: bspw. Snowboards im US-Markt

zu 1. Marktdurchdringung: im Fall der *Skifuntech GmbH* eher unrealistisch. Das Unternehmen besetzt eine Nische. Der Massenmarkt für günstige Skier ist längst durch größere Konkurrenten besetzt. Besserer Service etc. bieten auch kaum Chancen, da sich diese Merkmale schon auf hohem Niveau befinden.

zu 2. Marktentwicklung: Dies hängt ganz klar von der Konkurrenzsituation in den USA ab. Es dürfte durch das Qualitätslabel »Made in Germany« gerade aktuell ein großes Potenzial geben. Jedoch sind in den USA genügend trendige Konkurrenten auf dem Markt. Folglich muss der zukünftige Fokus neben Qualität verstärkt auf Optik und Trend liegen. Durch den größeren Absatzmarkt könnten die Stückkosten gesenkt werden (Fixkostendegression und sinkende Beschaffungskosten). Also eine durchaus chancenreiche, aber auch anspruchsvolle Aufgabe.

zu 3. Produktentwicklung: Die Erweiterung des Sortiments um Snowboards, Langlaufskier etc. bietet natürlich ein großes Potenzial. Vorteilhaft sind die Synergieeffekte bei der Herstellung von Skiern und Snowboards. Nachteilig sind das teilweise fehlende

B

Know-how in unserem Unternehmen. Es müssten neue Mitarbeiter angeworben werden, was beim aktuellen Facharbeitermangel schwer fallen dürfte. Letztlich eine riskante Strategie.

zu 4. Diversifikation: In neue Märkte gehen und gleichzeitig neue Produkte entwickeln überfordert unser kleines Unternehmen und ist undurchführbar.

b) Siehe folgende Tabelle:

Primärforschung	Sekundärforschung
Feldforschung (**field research**) durch erstmalige Ermittlung von Daten durch Befragungen, Interviews, Tests, Beobachtungen und Panels.	Verarbeitung vorhandener Daten: Statistisches Bundesamt, Verbände, Internet, Fachzeitschriften usw. (**desk research**)

2. RSP 8.2.5 (Kap. 2.5) **(8 Punkte)**

a) Es muss die enorme Streuwirkung der Werbung in den USA bedacht werden. Als Werbeträger/-mittel bieten sich die in der Tabelle genannten an. Die jeweilige Wahl sollte erläutert werden. Nicht sinnvoll wären bspw. Fernsehwerbung oder Werbung an Gebäuden aufgrund des zu großen Streukreises.

Werbeträger	Werbemittel
Zeitung, (Fach-) Zeitschriften: Ski-Fachzeitschriften	Inserate, Anzeigen
Internet: gerade in einem neuen Markt sinnvoll, da hier kostengünstig und gezielt mögliche Kunden angesprochen werden können	Weblinks, Anzeigen
Verkaufswerbung am Point of Sale direkt in Sportgeschäften - direkte Kundenansprache	Display, Plakate, Poster, Visitenkarten, Verkaufsgespräche

b) Zu den wesentlichen Elementen eines Werbeplans für die *Skifuntech GmbH* zählen bei der Markteinführung in den USA:

- Werbeziel: Produkteinführung, Gewinnung neuer Kunden in den USA.
- Werbeobjekt: die Produktgruppe Skier.

- Zielgruppe bzw. Streukreis: Endverbraucher (junge, zahlungskräftige Kunden).
- Werbebotschaft/-inhalt: qualitativ hochwertiges und trendiges Produkt (Skier).
- Werbegebiet: zunächst nur bestimmte Bundesstaaten mit Skigebieten bzw. via Internet landesweit.

Situationsaufgabe 2

3. RSP 8.3.1 (Kap. 3.1) **(12 Punkte)**

a) Zur Auswahl stehen grundsätzlich die folgenden Formen:

- Bisher handelt es sich um eine Regionalorganisation, die räumlich bzw. geografisch gegliedert ist.
- Funktionsbereiche des Vertriebs: Gliederung des Vertriebs nach Verrichtungen, die zusammengefasst werden, bspw. Werbung, Vertriebscontrolling, Produktpräsentation in Verkaufsräumen, Außendienst, Service und Auslieferung.
- Einteilung nach Produkten/Produktgruppen: Skier, Snowboards, Skibindungen etc.
- Es kann auch nach Kundengruppen geordnet werden (bspw. Privat-/Geschäftskunden, Key-Account-Management).
- Fazit: Bei einer geplanten Ausdehnung des Sortiments erscheint eine Produktorientierung sehr sinnvoll zu sein.

b) Es wird zwischen monetären und nicht-monetären Anreizen unterschieden:

- Umsatzprovision; Betriebsrenten
- Abschlussprämien bei der Neukundenakquisition;
- Zielvereinbarungen: Prämien bei bestimmten Umsatzzielen
- Verkaufs- und Produktschulungen
- Incentives (Anreize): Lob/Anerkennung, Karrierechancen eröffnen, gehobener Dienstwagen, Betriebskindergarten usw.

B

4. RSP 8.3.2 (Kap. 3.1) **(8 Punkte)**

a) Zu den möglichen Vertriebskennzahlen zählen:

- Absatzmengen, Umsatz, Deckungsbeitrag und Gewinn je Verkaufsgebiet, je Filiale, je Produkt/Produktgruppe oder je Kunde oder Kundengruppe.
- Anzahl Neukunden (ggf. in Relation zum Gesamtbestand an Kunden).
- Auftragseingänge je Zeiteinheit (Jahr, Quartal, Monat).
- Kundenstruktur durch ABC-Kundenanalyse ermitteln, um A-Kunden zu fördern und ggf. C-Kunden herauszufiltern.

b) Die Absatzplanung ist ein Teil des Vertriebscontrollings und kann wie folgt unterteilt werden:

- Die strategische Absatzplanung ist langfristig ausgerichtet. Hier geht es darum, zu planen, welche Produkte/Produktgruppen (SGF) an welche Kunden/Kundengruppen in welchen Regionen verkauft werden sollen.
- Die operative Absatzplanung ist kurzfristig ausgerichtet und konkretisiert die strategische Planung durch bspw. Preispolitik bei den verschiedenen Produkten, Kunden und Regionen.

Prüfungssimulation 2 (insgesamt 40 Punkte)

Situationsaufgabe 1

5. RSP 8.2.3 (Kap. 2.3) **(8 Punkte)**

a) Folgende Formen der Preisdifferenzierung wären für die *Skifuntech GmbH* denkbar:

- mengenbezogene Preisdifferenzierung: Händler, die größere Mengen kaufen, erhalten einen Mengenrabatt.
- räumliche Preisdifferenzierung: Es könnten bspw. bei Händlern in Norddeutschland höhere Preise angesetzt werden, da hier die Konkurrenz geringer sein dürfte.
- zeitliche Preisdifferenzierung: Es können je nach Haupt- oder Nebensaison unterschiedliche Preise angesetzt werden.
- leistungsbezogene Preisdifferenzierung: Die Skier könnten weiter differenziert werden, um hochpreisige und günstigere Varianten anzubieten.

b) Für dieses Produkt ist eindeutig die Skimmingstrategie zu bevorzugen.

- Penetrationstrategie: Einführungsphase durch niedrige Preise. Schrittweise könnten in der Wachstumsphase die Preise erhöht werden. Da jedes Jahr neue Modelle auf den Markt kommen, ist diese Strategie nicht sinnvoll bzw. unrealistisch.
- Skimmingstrategie: Diese »Abschöpfungsstrategie« versucht durch hohe Preise in der Einführungsphase einen möglichst großen Gewinn zu Beginn abzuschöpfen, der Preis kann dann gesenkt werden, insbesondere bei Einführung des Folgemodells.

B

6. RSP 8.2.4 (Kap. 2.4) **(12 Punkte)**

a) Zu den Unterschieden vgl. folgende Tabelle:

Kriterium	Handelsreisender	Handelsvertreter
Stellung zum Hersteller	intern: angestellter Mitarbeiter	extern: selbstständiger Unternehmer
Spezialisierung	verkauft nur die Produkte des Herstellers	verkauft Produkte verschiedener Hersteller
Weisungsgebundenheit	ist weisungsgebunden	als Selbstständiger nicht weisungsgebunden
Entlohnung	fixes Gehalt (hohe Fixkosten) + Umsatzprovision	lediglich (höhere) Umsatzprovision (hohe variable Kosten)
Kosten: Vor-/Nachteile	Vorteil bei hohen Umsätzen, da geringe Provision. Nachteil bei geringen Umsätzen, da trotzdem das Fixum zu bezahlen ist.	Vorteil bei geringen Umsätzen, da kein Fixum zu zahlen ist. Nachteil bei hohen Umsätzen, da eine hohe Provision anfällt.

b) Handelsreisender = $4.000\ \$ + 0{,}01 \times 100.000\ \$ = 5.000\ \$$

Handelsvertreter = $0{,}035 \times 100.000\ \$ = 3.500\ \$$

Folglich ist der Handelsvertreter günstiger!

c) $4.000\ \$ + 0{,}01 \times U = 0{,}035 \times U$

$\leftrightarrow 4.000\ \$ = 0{,}035 \times U - 0{,}01 \times U$

$\leftrightarrow 0{,}025 \times U = 4.000\ \$$

$\leftrightarrow U = 160.000\ \$/\text{Monat}$ bzw. $\times 12 = 1.920.000\ \$/\text{Jahr}$

Folglich sind die Kosten bei 1.920.000 $/Jahr gleich!

d) Bei einem erwarteten Umsatz von > 2 Mio. $

ist der Handelsreisende langfristig vorzuziehen.

Situationsaufgabe 2

7. RSP 8.5.1/8.5.2 (Kap. 5.1/5.2) **(10 Punkte)**

a) Laut Angaben zur Fallstudie erhalten unsere Skier in allen Tests Bestnoten. Daher ist die Aussage des österreichischen Konkurrenten unwahr. Nach § 6 UWG darf eine vergleichende Werbung keine Unwahrheiten/Lügen beinhalten. In diesem Fall haben wir das Recht auf Unterlassung und Schadensersatz.

b) Zu den gewerblichen Schutzrechten zählen:

- Eine Marke ist die geschützte Bezeichnung von Produkten, Dienstleistungen und Unternehmen. Nach § 1 MarkenG werden Marken, geschäftliche Bezeichnungen und geografische Herkunftsangaben geschützt.
- Patente: Sofern eine herausragende technische Erfindung getätigt wird, kann diese beim Patentamt in München angemeldet werden (bzw. EU/international). Dadurch erhält der Patentinhaber das exklusive Verwertungsrecht seiner Erfindung für 20 Jahre.
- Gebrauchsmuster: Hierbei handelt es um das sogenannte »kleine Patent« für unbedeutende Neuerungen (Schutzdauer nur 10 Jahre).
- Geschmacksmuster: Sie dienen dem Schutz von Design.

B

8. RSP 8.3.1 (Kap. 3.1) **(10 Punkte)**

a) Ziel des Customer-Relationship-Managements (CRM) bzw. Kundenbindungsmanagements ist die langfristige Bindung des Kunden an das Unternehmen durch bspw. Servicemaßnahmen, kundenorientiertem/innovativem und individualisiertem Sortiment.

b) 4 Stufen bzw. Aufgaben eines CRM-Systems:

- Interessenten für unsere Produkte finden
- Interessenten zu Kunden machen
- Kunden zu begeistern
- begeisterte Kunden zu Stammkunden machen

c) Beim Multi-Channel-Sale werden die Produkte über mehrere Absatzwege gleichzeitig verkauft (bspw. Einzel-/Großhandel, Handelsvertreter usw.).

Vorteile	Nachteile
• größere Zielgruppe erreichbar • unterschiedliche Zielgruppen können angesprochen werden • Neuerungen können zunächst auf bestimmten Kanälen getestet werden • unterschiedliche Preise können zum Abschöpfen der Konsumentenrente genutzt werden	• bisweilen schwierige Abstimmung • klarer Fokus fehlt • Kannibalisierungseffekt der verschiedenen Kanäle • möglicherweise Imageverlust

Die meisten Punkte gehen nicht durch fehlendes Wissen verloren, sondern durch falsches Vorgehen in der Prüfung. Lesen Sie die **Tipps** auf den folgenden Seiten intensiv durch.

C

Anhang C: Tipps zur Prüfung

Was sollte ich in der Prüfung beachten?

- Suchen Sie vor der Prüfung einen ruhigen Platz im Vorraum und versuchen Sie **innere Ruhe** zu finden. Lassen Sie sich nicht von den unruhigen Zeitgenossen nerven, die vor der Prüfung alle stressen.
- Gehen Sie **entspannt** und ruhig an den Ihnen zugewiesenen Platz.
- Zunächst sollten Sie die **gesamte Prüfung durchblättern**. Es kommt immer wieder vor, dass Prüflinge einzelne Aufgaben auf der letzten Seite nicht lösen, da sie diese übersehen haben – kein Scherz!
- Lösen Sie die Aufgaben eine nach der anderen. Die **Reihenfolge** hierfür ist jedoch egal.
- Jede Aufgabe sollte in den Lösungsblättern möglichst **zusammenhängend** gelöst werden.
- Sollten Sie nach der Bearbeitung weiterer Aufgaben noch etwas in eine zuvor gelöste Aufgabe einfügen wollen und es fehlt der nötige Platz, können Sie das natürlich weiter hinten einfügen. **Wichtig:** Sie müssen aber unbedingt in der vorderen Lösung einen Verweis auf die weitere Lösung mit deren Seitenzahl einfügen. Der Korrektor ist eher wohlwollend gestimmt. Sie sollten ihn aber nicht unnötig verärgern.
- Es sollte eigentlich klar sein, dass Sie sich keinen Gefallen tun, wenn Sie dem Korrektor die Arbeit durch **unlesbare oder schlecht strukturierte Lösungen** erschweren.
- Verwenden Sie für jede neue Aufgabe jeweils eine neue Seite.
- Sie müssen die Aufgabennummern auf das jeweilige Blatt schreiben.
- Für gewöhnlich besteht eine Prüfungsaufgabe aus **Teilaufgaben** (a, b, ...). Sie müssen Ihre Lösungen genau diesen Teilaufgaben zuordnen und nicht einfach Aufgabe 3 hinschreiben und alle Teillösungen ohne Teilnummerierung aneinanderreihen. Das wird leider zu häufig gemacht und kann zu Punktabzug führen.

C

10 Tipps zur Fehlervermeidung in Prüfungen

1. **Gehen Sie nur auf den gestellten Arbeitsauftrag ein.**

   Zusätzliches Wissen, das nicht zur Frage passt, interessiert nicht.

2. **Achten Sie auf die Signalworte des Arbeitsauftrags.**

   Die Fragestellung beinhaltet neben sachlichen Informationen auch Signalworte zur Bearbeitung:

   a) »*Nennen Sie ...*«, »*Zählen Sie folgende ... auf ...*« usw.: Sie müssen die Begriffe nur auflisten, ohne diese zu erläutern/beschreiben.

   b) »*Erläutern Sie ...*«, »*Beschreiben Sie ...*«, »*Erörtern Sie ...*« usw.: Hier müssen Sie eben in ganzen Sätzen erläutern, beschreiben usw.

   c) »*Ermitteln Sie ...*«, »*Berechnen Sie ...*« usw.: In diesen Fällen müssen Sie Ihr Wissen anwenden.

3. **Beispiele sind keine Erläuterung.**

4. **Vergessen Sie den zweiten Arbeitsauftrag nicht.**

   Es kommt vor, dass in Aufgaben mehrere Teilaufgaben innerhalb eines Aufgabenteils zu lösen sind. Es erstaunt immer wieder, wie viele Prüfungsteilnehmer den zweiten Teil bei solchen Fragen vergessen.

5. **Achten Sie bei Fragen nach Vor- und Nachteilen darauf, auf wen sich diese beziehen sollen.**

6. **Sie müssen korrekte Begriffe verwenden.**

   Häufig werden ähnlich klingende, aber falsche Begriffe verwendet.

7. **Geben Sie allgemein verständliche Lösungen.**

   Sie dürfen nicht davon ausgehen, dass der Korrektor ohnehin weiß, was gemeint ist, wenn Sie irgendwelche Stichworte geben.

8. **Nutzen Sie bekannte Lösungsschemen.**

9. **Nutzen Sie Ihren gesunden Menschenverstand.**

   Sofern Sie die grundlegenden Begriffe und Modelle gelernt haben, müssen Sie diese in der Prüfung häufig anwenden. Dabei lassen sich viele Aufgaben mit gesundem Menschenverstand lösen.

Stichwortverzeichnis

F

G

H

I

J

K

R

S

T

U

V

W

Z

Zu den Fachbüchern des FHS-Verlags

Das Verlagsprogramm bietet u. a. die folgenden Fachbücher:
(Autor ist jeweils Dr. Holger Stöhr)

I. Fachbücher zur Prüfungsvorbereitung: WQ-Teil

Es gibt zum WQ-Teil für Wirtschaftsfachwirte insgesamt 6 Fachbücher!

II. Fachbücher zur Prüfungsvorbereitung: HSQ-Teil speziell für Wirtschaftsfachwirte

1. **F.I.T. zur IHK-Prüfung in Betriebliches Management:** Handlungsspezifische Qualifikationen für Wirtschaftsfachwirte, 2. Auflage, Oberstdorf 2018, **ISBN 978-3-943743-19-7**

2. **F.I.T. zur IHK-Prüfung in Investition, Finanzierung, Kostenrechnung & Controlling:** Handlungsspezifische Qualifikationen für Wirtschaftsfachwirte, 3. Auflage, Oberstdorf 2018, **ISBN 978-3-943743-14-2**

3. **F.I.T. zur IHK-Prüfung in Logistik:** Handlungsspezifische Qualifikationen für Wirtschaftsfachwirte, 3. Auflage, Oberstdorf 2018, **ISBN 978-3-943743-15-9**

4. **F.I.T. zur IHK-Prüfung in Marketing & Vertrieb:** Handlungsspezifische Qualifikationen für Wirtschaftsfachwirte, 2. Auflage, Oberstdorf 2018, **ISBN 978-3-943743-22-7**

5. **F.I.T. zur IHK-Prüfung in Führung & Zusammenarbeit:** Handlungsspezifische Qualifikationen für Wirtschaftsfachwirte, 2. Auflage, Oberstdorf 2018, **ISBN 978-3-943743-21-0**

Weitere Fachbücher sind in Vorbereitung!

Nähere Informationen erhalten Sie unter:

www.fhs-verlag.de